彩图 4
桃源鸡

彩图 5
武定鸡

彩图 6
溧阳鸡

彩图 7
河田鸡

彩图 8
霞烟鸡

彩图 9
丝羽乌骨鸡

彩图 10
鲁西斗鸡

彩图 11
浦东鸡

彩图 12
北京油鸡

彩图 13
萧山鸡

彩图 14–1
狼山鸡黑羽鸡

彩图 14–2
狼山鸡白羽鸡

彩图 15
鹿苑鸡

彩图 16
寿光鸡

彩图 17
大骨鸡

彩图 18
林甸鸡

彩图 19
边鸡

彩图 20
静原鸡

彩图 21
彭县黄鸡

彩图 22
峨眉黑鸡

彩图 23
固始鸡

彩图 24
茶花鸡

彩图 25
藏鸡

彩图 26
莱芜黑鸡

彩图 27
琅琊鸡

彩图 28
仙居鸡

彩图 29
白耳黄鸡

彩图 30
济宁百日鸡

彩图 31
汶上芦花鸡

彩图 32
良凤花鸡配套系

彩图 33
新广铁脚麻鸡配套系

彩图 34
天露黑鸡配套系

彩图 35
温氏青脚麻鸡 2 号配套系

彩图 36
雪山鸡配套系

彩图 37
岭南黄鸡 3 号配套系

彩图 38
三高青脚黄鸡 3 号配套系

彩图 39
苏禽绿壳蛋鸡配套系

彩图 40
新杨黑羽蛋鸡配套系

彩图 41
豫粉 1 号蛋鸡配套系

彩图 42
东禽 1 号麻鸡配套系

彩图 43
林下养鸡

彩图 44
运动场栖架

土杂鸡养殖技术

（第 2 版）

主　编　樊新忠

副主编　乔西波　郭传珍　赵纪华

编著者　（按姓氏笔画为序）

乔西波　李春香　李显耀　赵纪华

神安保　唐　辉　郭传珍　樊新忠

金盾出版社

内 容 提 要

本书第一版以其内容全面、技术实用、图文并茂、简明易懂等特点，成为土杂鸡养殖领域的金牌畅销书之一。截至目前，共重印20次，发行量超过16万册。本次修订除保留原书内容结构体系和优点外，作者针对土杂鸡产业发展和市场变化，重点优化了优质鸡品种资源和引种信息，更新了优质肉鸡和鸡蛋生产技术规范、饲料和兽药政策禁令、饲养设施设备、卫生防疫消毒、山林田园放养等内容，希望能够帮助广大读者快速了解土杂鸡养殖业发展新趋势，掌握先进技术，避免养殖风险，取得更高效益。

图书在版编目（CIP）数据

土杂鸡养殖技术 / 樊新忠主编 .—2 版 .—北京：金盾出版社，2023.6
ISBN 978-7-5186-0692-4

Ⅰ . ①土…　Ⅱ . ①樊…　Ⅲ . ①鸡 – 饲养管理　Ⅳ . ① S831.4

中国国家版本馆 CIP 数据核字（2023）第 070486 号

土杂鸡养殖技术（第 2 版）

樊新忠　主编

出版发行：金盾出版社	开　本：710mm × 1000mm　1/16
地　址：北京市丰台区晓月中路 29 号	印　张：10.5
邮政编码：100165	字　数：158 千字
电　话：（010）68176636　68214039	版　次：2023 年 6 月第 2 版
传　真：（010）68276683	印　次：2023 年 6 月第 21 次印刷
印刷装订：北京天宇星印刷厂	印　数：174 001 ～ 177 000 册
经　销：新华书店	定　价：30.00 元

再版前言

中国是家鸡的主要起源地和驯化中心，据考证，至今已有6 000多年的饲养历史，有文字可查的历史也有3 000多年，经过长期选育形成了多样的地方鸡资源，目前已有115个地方鸡品种和85个培育品种或配套系列入国家畜禽遗传资源品种名录，是全世界鸡品种资源最丰富的国家。

土杂鸡泛指地方鸡品种或以地方鸡血统为主的杂交鸡，包括土鸡、优质型黄羽肉鸡和部分优质蛋鸡。其优势在于肉、蛋品质优良，营养滋补价值较高，又各具独特的外貌特征，承载着国人对传统土鸡的美好味蕾记忆，深受消费者青睐。虽然其生产性能稍低，但市场价格高，土杂鸡养殖仍有较大的利润空间。随着我国经济持续发展和人们生活水平普遍提升，土杂鸡的生产和消费不断升级，相关生产技术和管理法规不断改进，已逐步成长为规模庞大、配套系齐全的成熟产业，其养殖品种和市场需求呈现显著的多元化、区域化、配套化特征，产业前景十分广阔。

《土杂鸡养殖技术》自2003年面市以来，以其技术实用、图文并茂、简明易懂而深受读者欢迎，多次加印，畅销不衰，成为土杂鸡养殖领域发行量最大的代表性图书之一，对推进我国土杂鸡养殖技术进步和产业发展发挥了积极作用。20年来，土杂鸡养殖产业发展出现了许多新问题、推出了一系列新技术和新法规，例如生产品种从纯种或简单杂交发展到专门化的配套系；2020年起我国全面禁止生产含有促生长类药物饲料添加剂（中药类除外）的商品饲料，正式迈入饲料“禁抗”时代；养殖设施和环境控制设施、疫病流行特征和防控药物种类也在发展变化，这些都需要在保留原书优点的基础上进行修订。

新版图书将秉持服务读者、服务产业的初心，注重产业技术的发展更新，重点丰富和凸显我国优质鸡遗传资源和引种信息、更新政策禁令等，使从业者能够在新环境下健康养殖，以推进土杂鸡产业提质增效，保障公众食品安全。

由于作者水平有限，书中难免存在不足之处，请读者批评指正。书中引用了许多同行资料，一并致以衷心感谢。

编著者

2023年3月

目　录

第一章　土杂鸡生产和市场概述

土杂鸡又名草鸡、柴鸡、笨鸡、本地鸡、土鸡，泛指在传统农业生产条件下，当地长期饲养的地方鸡种。除少数品种外，土杂鸡通常未经系统的强度选育，与AA、科宝、海兰和京红、京粉等现代商业鸡种相比，土杂鸡生产性能较低，生产方向尚未完全专门化，多数可肉蛋兼用，群体相对混杂，整齐度较差，商品化生产程度低，生产规模一般比较小，而且也没有完全采用工业化的生产方式。就整体而言，土杂鸡的生产效率落后于经强度选育的现代商业鸡种，其主要表现为相对繁殖率低、早期生长慢、耗料多、育肥效果差等方面。但土杂鸡抗逆性较强，不少鸡种生产性能较好，特别是肉、蛋品质优良，皮薄肉嫩，风味良好，又各具独特的外貌特征、特性，深受国内消费者欢迎。土杂鸡和土杂鸡鸡蛋的价格明显高于普通肉鸡与鸡蛋，在市场上畅销不衰。近几十年来，随着我国经济快速发展，土杂鸡生产和消费不断升级，相关生产技术和管理法规不断改进，已逐步成长为规模庞大、配套齐全的成熟产业，其品种养殖和市场需求呈现显著的多元化、区域化、配套化特征。辩证地对待土杂鸡的生产特点，合理地进行饲养经营，则养殖土杂鸡大有可为。

一、土杂鸡资源与生产概况

我国有十分丰富的土杂鸡品种资源，现有115个地方品种和85个培育品种或配套系，随着第三次全国畜禽遗传资源普查（2021年3月至2023年12月）的有序开展，相信还会有更多的品种资源被挖掘、补充进来。早在19世纪，我国的狼山鸡、九斤黄鸡就曾输出国外。在欧美培育的洛克鸡、洛岛红鸡、奥品顿鸡等品种中均有中国鸡的血统；仙居鸡、白耳黄鸡、寿光鸡、北京油鸡、乌骨鸡与斗鸡等在世界上均堪称性能良好、各具特色的鸡种。这些优良地方品种抗逆性较强，繁殖性能较好，特别是肉质优良、皮薄肉嫩、风味美好，又各具独特的外貌特征、特性，但长期饲养在农家副业水平上，缺乏系统选育。因此，生产水平低，因其繁殖率低、早期生长慢、耗料多和育肥效果差4个方面的缺点而被轻视甚至被淘汰。特别是现代家禽生产水平不断提高，大量的外来高产品种引入国内，杂交乱配严重，致使一些优良基因大量流失，一些优良地方鸡种濒于灭绝，如现已绝迹的九斤黄鸡、处于灭绝边缘的山东烟台糁糠鸡、四川的彭县黄鸡等。保护这些珍贵的地方鸡种资源，已成为当前刻不容缓的一项重要任务。发展土杂鸡养殖，不仅可以在实践中有效地保护土杂鸡资源，还能够开发利用土杂鸡，为人们提供优质的肉蛋产品。

我国对土杂鸡的开发利用主要以优质肉鸡为主，其育种开发经历了3个阶段。

第一阶段：20世纪40—60年代，我国港、澳、台地区首先发展优质肉鸡，以香港的石岐杂鸡为代表，即以生态型地方良种鸡为主，并适度杂交利用。优质鸡以散养为主，规模型鸡场很少。

第二阶段：20世纪70—80年代，在广东、广西等地，由于石岐杂鸡早期增重慢、繁殖率低，不能满足市场需要，开始引进隐性白羽基因或含dw基因的矮脚肉鸡与之级进杂交。同时，江苏、上海、福建和湖南等地大量引进安卡红鸡、红宝鸡、狄高鸡、海佩克鸡与地方鸡进行杂交利用。开始出现专门的养鸡场和专业户，规模型养殖快速发展。

第三阶段：20世纪80年代至今，优质肉鸡系统选育和利用生态型地方良种鸡进行制种阶段。以地方鸡选育为基础，为地方鸡开发培育了理想的配套品系，如岭南黄鸡、良凤花鸡、新广铁麻鸡、清远麻鸡、天露黑鸡、温氏青脚麻鸡、雪山鸡、三高青脚黄鸡和东禽麻鸡等。规模型鸡场和专业户是优质肉鸡的生产主体。

我国对土杂鸡蛋用方向或优质蛋鸡的研究开发相对较少，一些单位曾对仙居鸡、白耳黄鸡等开展了一定的提纯选育工作；一些单位利用地方鸡种蛋壳颜色的基因突变，选育出绿壳蛋鸡品系。山东农业大学和莱芜黑鸡育种中心合作，利用莱芜地方鸡选育出优质型莱芜黑鸡蛋用系，并进行了杂交配套和生产开发。但总体而言，人们对土杂鸡鸡蛋尚不够重视，优质蛋鸡的选育鲜有报道。随着土杂鸡鸡蛋的市场扩大和消费增长，各地商贩多采用从农村收购等方式组织货源，养鸡户多采用当地土杂鸡和高产蛋鸡的杂交鸡进行生产，整体生产规模较小，土杂鸡鸡蛋的生产还不够规范。近几年，虽然持续审定了苏禽绿壳蛋鸡配套系、新杨黑羽蛋鸡配套系、豫粉 1 号蛋鸡配套系等多个各具特色的土杂鸡新品种或配套系，但是仍未能满足市场需求，土杂蛋鸡选育和生产的空间仍然很大。

二、土杂鸡产业发展

据《中国农业年鉴》统计，2000 年全国家禽年末存栏 46 亿只，总出栏 81 亿只；2001 年全国禽肉产量 1 273 万吨。近年，禽肉产量占肉类总产量的比例呈现逐年上升的态势，由 2016 年的 22.11% 上升至 2020 年的 30.91%。据国家统计局公布数据，2020 年全国家禽总出栏 155.7 亿只，禽肉产量 2 361 万吨；2021 年全国家禽总出栏 157.4 亿只，禽肉产量 2 380 万吨。同时，我国禽肉人均需求量亦逐年增加，2018 年我国禽肉人均需求量为 14.3 千克，同比增长 4.95%；2019 年我国禽肉人均需求量为 16.2 千克，同比增长 13.41%。这说明，我国禽肉生产和市场发展均有较大潜力。

从国内肉鸡饲养品种上看，速生型肉鸡以 AA、罗斯 308、科宝和哈巴德为主，优质型肉鸡（土杂鸡及含土杂鸡血统的杂交鸡，现在多称为国鸡）以三黄鸡和青脚鸡为主，随着生鲜上市的持续推动，价格较低的肉杂鸡（肉鸡与蛋鸡的杂交鸡）具有了较大的增长潜力。从养殖区域看，我国家禽养殖主要集中在华东、华南、华中地区，整体呈南多北少的特点。家禽养殖量排在前五的省（自治区）分别为山东、广东、广西、河南、辽宁。白羽肉鸡的养殖区域主要在华东、华北地区，集中在山东、河南、辽宁、福建等省份。据国家统计局公布数据，2021 年全国白羽肉鸡出栏量约 54 亿只。国鸡养殖区主要分为华南、西南、华中、华东四大养殖区。2021 年全国国鸡出栏量约 45 亿只，其中广东、广西是华南地区国鸡出栏量最高的两个省（自治区）。肉杂鸡产区集中在黄河中下游，2021 年出栏量约 18 亿只，行业预计，未来肉杂鸡生产量可增长到 30 亿只以上。在我国南方，优质肉鸡占肉鸡上市量的 60% ～ 70%，而在香港、广东则达到 80% 以上，仅港、澳两地市场年消费量就在 7 000 万只左右。广东省家禽年消费量 11.7 亿只，其中优质肉鸡约 10 亿只。北方优质肉鸡所占比例虽然较低，但呈逐步增长态势。尽管近年来优质肉鸡有了较大发展，但其产量仍旧满足不了市场要求，优质肉鸡的比例还将继续增加。

禽蛋在中国老百姓的菜篮子中一直占有重要位置。2001年我国禽蛋总产量达到2 336.75万吨，占世界禽蛋总产量的44%；禽蛋人均年消费18.7千克，已超过世界平均水平。2021年我国禽蛋总产量高达3 409万吨，已连续多年位居世界第一，这得益于我国庞大的禽类养殖数量和科学先进的产蛋禽类养殖技术。目前，我国蛋鸡业市场竞争非常激烈，除进一步提高蛋鸡生产管理水平、增加单产、降低成本以外，优化产品结构、提高鸡蛋品质、增加鸡蛋花色品种，将是今后提高蛋鸡养殖效益的重要途径。近几年，散养土杂鸡鸡蛋、营养蛋、高硒蛋、高锌蛋、富碘蛋、乌鸡蛋、绿壳鸡蛋和山鸡蛋等悄然兴起，价格远高于普通鸡蛋，显示出其巨大的市场潜力。

三、土杂鸡生产经营

现代土杂鸡养殖与少量的土法养鸡有很大的不同，必须熟练掌握现代养鸡技术和管理，并善于市场经营。

（一）土杂鸡生产特点

1. 品种多，性能参差不齐 现代商业品种的速生肉鸡和高产蛋鸡均经过系统的强度选育，并采用配套系方式生产，生产性能很高，商品代群体比较整齐；由于采用基本相同的育种素材和选育方式，不同的商业品种间差异很小。而土杂鸡则不然，品种类型众多，通常未经系统的选育，并且各地的生态环境和养殖方式也不尽相同。因此，不仅不同品种间生产性能差异较大，而且群体内不同个体间生产性能也很不一致。对此，必须有充分认识，注意选择生产性能较好的品种，否则会对生产造成不利影响。

2. 群体混杂，规模化程度不高 由于真正能够开展土杂鸡选育的种鸡场较少，土杂鸡通常未经系统的选育提纯，市场上种鸡来源混杂，群体整齐度较差，表现在羽色、外貌、生产性能和体重大小不够整齐。近几年，随着土杂鸡市场的不断扩大，其养殖模式开始由粗放式向规模化过渡，但由于种鸡选育程度、群体整齐度不够，规模化程度还有待提高。

3. 生产性能和专门化程度较低　与经选育的商业配套系鸡种相比，土杂鸡普遍生产性能较低，表现在生长慢、饲料转化效率低、产蛋少和蛋重小等方面。另外，土杂鸡的生产性能专门化程度低，多为肉蛋兼用型品种，其弊端是生产效率有所下降，但同时具备向优质肉用和优质蛋用两个方面开发的优势。

4. 生活力较强，但未经病原净化　一般而言，土杂鸡由于长期生活在管理粗放的条件下，其体质健壮，适应性强，生活力高，抗病力强，这是土杂鸡的优点。但必须看到由于土杂鸡来源相对混杂，未经严格的病原净化，鸡群携带的病原多，在规模饲养下，可能面临比普通鸡更多的疫病控制困难和风险，对此一定要有清醒的认识，注重从引种、孵化、免疫接种等关键环节做好疫病控制预防工作，切不可掉以轻心。

5. 产品品质好，但需要适当饲养　土杂鸡产品品质好是土杂鸡赖以存在和发展的根本，要保证土杂鸡品质，除选择优质土杂鸡品种外，选择适宜土杂鸡的饲养方式非常关键。目前，采取相对低的饲养密度，营养全价但能量蛋白质浓度不过高的日粮，较大运动范围和良好的养殖环境等措施，对于保证土杂鸡品质是非常必要的。

6. 需要选育和品种改良　现有的土杂鸡群体普遍存在的生产性能低、群体整齐度差等问题，需要采取现代育种技术加以系统选育解决。实践证明，适度提高土杂鸡的生长速度和产蛋量，甚至采取配套系杂交的方式，不仅不会明显降低土杂鸡的品质，而且还能显著提高土杂鸡生产效率和饲养效益。

7. 合理采用现代养殖和管理技术　采取传统方式养殖土杂鸡，固然有利于保持土杂鸡品质，但生产效率较低；简单照搬现代肉鸡和蛋鸡的集约化饲养管理模式，则不利于保持土杂鸡的特有品质和风味。因此，土杂鸡养殖的出路在于传统饲养与现代工艺的有机结合，一般在种鸡管理、孵化、育雏、防疫和饲料配制等环节应主要吸纳现代养鸡工艺的精华，而在优质鸡育肥、优质蛋生产等商品生产环节，则应适当采用放养等传统方式，以利于养成土杂鸡的独特品质。

8. 饲养周期长，发病机制独特　大多数土杂鸡需要养至 130 ～ 180 日龄，体重达 1.2 ～ 2 千克方可上市，正常饲养管理条件下，每年可养 2 ～ 3 批。由于饲养周期长，饲养场地不易消毒，饲养方式简单，受气候变化影响大，所以有其独特的发病机制和特点。如马立克病，多发于 40 ～ 60 日龄，快速型鸡此时已上市，对生产基本没什么影响；但土杂鸡生产周期较长，该病的发生较多、影响较大，故雏鸡出壳后一定要接种马立克病疫苗。再如，土杂鸡长期户外活动，故其呼吸道病较少发生，而寄生虫病较多，饲养过程中需结合土杂鸡的饲养方式和场地进行适当防治。

9. 节省投资，效益可观 土杂鸡多采用散养方式饲养，鸡舍可以因陋就简，很多棚舍可以再次利用，节省投资；后期放养时，土杂鸡可以在野外觅食一些昆虫类的动物性饲料及青饲料和矿物质，养殖户只需在晚上饲喂少量原粮或精饲料，也可大大降低饲养成本。由于采用自然的、健康的散养方式饲养，土杂鸡产品风味独特、安全性高，市场价格是普通鸡产品的2～3倍，饲养效益十分可观。

（二）土杂鸡养殖开发的策略

土杂鸡养殖开发，不仅要从养殖技术和管理层面入手，还需要从市场经营层面综合考虑。

1. 研究市场需求，明确市场定位 国内对优质土杂鸡的市场需求取决于以下3个方面：一是经济发展，收入增加，消费者有能力购买品质更好的土杂鸡产品；二是消费者追求健康、安全、营养的意识增强，对绿色、天然和具有良好风味口感的土杂鸡产品需求逐渐增长；三是饮食习惯和文化的影响，特定区域和人群长期形成某种相对固定的消费嗜好，成为消费习惯。当然，有时也受经济、社会、科技发展甚至流行时尚的影响。对此必须予以研究，在养殖之前就应明确市场定位，提高对市场的针对性。

对国内市场的定位，可从两个方面分析：一是区域性市场定位，国内大中城市购买力强，应作为养殖开发土杂鸡产品的主要市场；二是消费群体定位，按消费群体的阶层，可按高、中、低收入细分市场策略，在市场细分的基础上再进一步确定产品的级别、价格、包装等，以满足不同消费群体的要求，获得良好经济效益。

2. 立足当地资源优势，选择适销对路的品种 充分考虑利用当地的独有品种、饲料资源、养殖环境和设施，往往可以有效地降低生产成本、保障产品品质，建立市场竞争对手所不具备的优势。

选择土杂鸡品种应视市场需求而定，不同时期和区域的市场需求有所不同，并且在不断发展变化中。例如，华南地区的消费者比较喜欢体矮、肥嫩的三黄鸡，而且性成熟前后的母鸡最受欢迎，售价最高。华北地区的人们多喜欢个头大的公鸡，毛色红黄者最佳，对个体小的三黄鸡兴趣不大。再如，广东和广西的黄羽鸡产量位于全国前两位，品种以慢速鸡为主，体重一般不超过 1.75 千克；江苏、浙江、安徽也是全国较大的生产区域，品种以中速和快速鸡为主，体重一般在 1.75 千克左右。近年来，优质鸡市场向长江中上游的湖北、湖南、四川乃至北方的山东、河南等新兴市场持续延伸。土杂鸡鸡蛋市场不同于普通鸡蛋，往往按枚出售，并且蛋重在 40 ～ 50 克的小型粉色鸡蛋最受欢迎。

3. 适度规模，专业化、标准化生产　现代畜牧生产已发展为专业化、标准化、规模化生产。养殖土杂鸡也是如此，若仅将养殖少量土杂鸡作为一种副业，技术管理和养殖效果得不到保证，局限性较大。养殖者应根据自身能力，选择适宜的品种，采取规范的技术，适度规模养殖，并按标准化生产，市场化经营才能获得好的效果。

4. 保障质量，树立品牌，诚信经营　较高的内在质量是土杂鸡产品的核心，养殖土杂鸡要遵循土杂鸡的生产规律，可以借鉴但不能简单照搬养殖普通肉鸡和蛋鸡的方法，应注意从饲养环境、饲养方式、饲料配方、养殖密度、疫病控制等方面入手，千方百计保证土杂鸡健康和产品质量，着力打好优质牌、绿色牌，宁肯牺牲产量和增加成本，也不要降低质量。在质量得到保证的前提下，要树立品牌意识，注重创立、经营品牌，诚信为本，才能获得市场的认可和高额回报。

5. 注重信息和宣传，及时把握商机　现代土杂鸡养殖与过去养鸡的最大不同之一，是处于不断发展变化的市场经济环境中，信息的获取和产品的宣传对生产者是极其重要的。生产者要善于运用电话、影视、广播、网络平台等现代传播手段，及时获取有关生产资料和产品销售等方面的信息，并采取适当方式加大宣传，提高产品的知名度，及时把握市场机遇，才能在市场竞争中取得主动。

6. 注重技术合作与革新，提高技术含量　随着市场竞争日趋激烈，只有技术领先才能立于不败之地。土杂鸡生产者应注意利用订阅专业书刊、上网、参加产品交易会和技术交流会、咨询行业专家等各种机会，不断学习采用新技术、新工艺，并在养殖实践中加以发展创新，尽量与同行、专家保持密切联系，加强技术信息交流，不断进行技术升级改造。

7. 实施产业化经营，规避市场风险　有条件的地区和养殖场户，可以尝试走土杂鸡产业化开发的路子，不仅仅局限于养鸡卖鸡（蛋），而是从种鸡选育、孵化育雏、育成育肥、鸡（蛋）运销、产品深加工、生产资料供应、技术服务、特色餐饮、旅游开发等不同环节进行专业化分工和协作，以利于延伸产业化链条，实现挖潜增效，分摊市场风险。

（三）新形势下土杂鸡养殖的应对措施

1. 无抗养殖背景下土杂鸡养殖控制措施 自2020年1月开始，药物饲料添加剂退出市场，标志着土杂鸡养殖减抗、无抗时代的到来。目前国内尚无饲用抗生素的较完美替代品，饲料、空气、饮水清洁是减抗、无抗养殖的关键，通过严把饲料原料品质关、精准配制日粮、科学使用微生物发酵饲料、科学选择使用抗生素替代品等系统营养技术方案，结合科学合理的饲养管理、环境控制技术体系，可以支撑土杂鸡无抗养殖。

2. 疫情、禁活形势下土杂鸡养殖销售措施 受疫情防控、活禽禁售等因素影响，饲料原料上涨，运输受阻，土杂鸡养殖成本增加，成鸡销售困难，导致养殖场（户）收益受损。养殖场（户）可通过以下措施保障养殖效益：一是多方联系饲料厂家、原料供应厂家，协调解决饲料或饲料原料运输问题；二是选择知名品牌品种，以保障养殖成活率和销售价格；三是选择适合冰鲜上市的品种，以保障销售；四是多方主动寻找销路，可通过街道社区、居民小区便利店销售，或通过自建微信群、发布短视频等方式发布销售信息，通过网上销售渠道、采取促销手段等增加土杂鸡产品销量。

第二章 土杂鸡品种与类型

我国幅员辽阔，农牧业生产历史悠久，由于地理、生态、气候的差异以及各地经济、文化、生产方式和市场需求的不同，经千百年的选育，形成了丰富多彩的畜禽品种资源。据最新数据统计，现有115个地方鸡品种和85个培育品种或配套系，随着第三次全国畜禽遗传资源普查的有序开展，相信数量还会有所增加。这些地方鸡品种与类型，多数具有肉质鲜美、蛋品优良和耐粗抗病等优点，虽生产性能不及经强度选育的商品鸡种，但只要品质好、市场售价高，经合理养殖利用，往往可获得比普通高产鸡种更好的经济效益。另外，以地方鸡种为育种素材，经提纯选育可获得生产性能较高、群体较整齐一致，能够用于规模生产的品系。若再经杂交筛选，可获得杂种优势显著的配套组合，将具有更好的生产性能和可观的养殖效益。

一、优质肉用型品种

（一）惠阳胡须鸡

惠阳胡须鸡（彩图1），又名惠阳鸡、三黄胡须鸡、龙冈鸡、龙门鸡、惠州鸡。原产于广东省惠阳地区，以种群大、分布广、胸肌发达、早熟易肥与肉质特佳而著称，与杏花鸡、清远麻鸡一起，被誉为广东省三大出口名鸡，在港、澳市场久负盛名，适于白切、盐焗等特定烹调方法，是华南地区影响最大的土杂鸡品种之一。

惠阳胡须鸡属中小型肉用品种，其标准特征为，下颌有发达而展开的胡须状髯羽，无肉垂或仅见一些痕迹。总的特点可概括为10项：黄羽、黄喙、黄脚、胡须、短身、矮脚、易肥、软骨、白皮和玉肉（又称玻璃肉）。公鸡分有、无主尾羽两种。主尾羽有黄色、褐红色和黑色，以黄色居多，腹羽颜色比背部稍浅。母鸡全身羽毛黄色，主翼羽和尾羽有紫黑色，尾羽不发达。成年公鸡体重2.1～2.3千克，母鸡1.5～1.8千克。在农家放牧条件下的仔母鸡，开产前体重可达1.1～1.2千克，如经过笼饲育肥12～15天，可净增重0.3～0.4千克。此时上市，体重约1.5千克，皮薄骨软，脂丰肉满，肉汤味道鲜美爽滑，极富滋养价值，售价最高。惠阳胡须鸡受就巢性强、腹脂多等因素影响，产蛋量不高，年产蛋65～110枚，蛋重46～47克，蛋壳粉色。

（二）清远麻鸡

清远麻鸡（彩图2），产于广东省清远市一带，以体型小、骨细软、皮薄脆、肉嫩滑与味浓郁而著称。清远麻鸡的特征可概括为“一楔、二细、三麻身”：“一楔”指母鸡体型呈楔形，前躯紧凑，后躯圆大；“二细”指头细、脚细；“三麻身”指母鸡背羽有麻黄、褐麻、棕麻三种颜色。公鸡羽毛金红色，尾羽及主翼羽为黑色；母鸡脚矮而细，头小单冠，喙黄色，胫黄色。成年公鸡平均体重1.7千克，母鸡1.4千克，年产蛋80～100枚，平均蛋重46克，蛋壳浅褐色，就巢性强。

（三）杏花鸡

杏花鸡（彩图3）产于广东省封开县一带，属中小型鸡，以肌细肉嫩、骨软皮薄、皮下脂肪均匀与口感鲜香爽滑而备受赞誉。杏花鸡结构匀称，被毛紧凑，前躯窄、后躯宽，体型似“沙田柚”。其外貌特征可概况为“两细（头细、脚细），三黄（羽黄、脚黄、喙黄），三短（颈短、体躯短、脚短）”。公鸡羽毛呈黄色，略带金红色，主翼和尾羽有黑羽；母鸡羽毛呈黄色或淡黄色，颈基部有黑斑点（称为“芝麻点”），形似项链。成年公鸡平均体重1.9千克，母鸡1.6千克，年产蛋95～130枚，蛋重45克，蛋壳浅褐色，就巢性强。

（四）石岐杂鸡

石岐杂鸡是香港渔农处和香港的几家育种场，选用广东的惠阳鸡、清远麻鸡和石岐鸡，于20世纪60年代中期改良选育而成。它除保持了广东地方鸡黄羽、黄皮肤、黄脚、短胫和圆身等外貌特征外，还基本保持了骨细肉嫩、鸡味鲜浓等特点；同时为了改进其生长慢、繁殖力低的缺点，引进新汉夏、白洛克、科尼什和哈伯德等肉鸡与之杂交，选育得到的新鸡种，其肉质与惠阳鸡相仿而生长速度和产蛋性能明显改善，并发展为港、澳活鸡市场的当家鸡种，年上市量达2 000万只以上，在其他地区也多有养殖。母鸡饲养110～120天平均体重为1.75千克，公鸡为2千克，全期料重比3～3.2∶1，年产蛋130～150枚。

（五）桃源鸡

桃源鸡（彩图4），俗称桃源大种鸡，产于湖南省桃源县一带，以体型大、肉质好、耐粗放饲养而受民间欢迎。公鸡头颈高昂，尾羽上翘，侧视呈“U”形，体羽金黄色或红色，主尾羽黑色，颈的基间有黑羽。母鸡体羽有黄色和麻色两种，腹羽均为黄色，主尾羽、主翼羽为黑色。喙、胫多呈青灰色。骨粗、胫高。成年公鸡体重3.5～4千克，母鸡2.8～3.2千克。早期生长较慢，性成熟晚。年产蛋110～150枚，蛋重53～54克，母鸡就巢率37%，平均就巢期27天。

（六）武定鸡

武定鸡（彩图5），产于云南省武定县，以体大肉美著称。公鸡羽毛多为赤红色，母鸡羽毛花白色。大部分个体有胫羽和趾羽，大众称之为“穿套裤子鸡”。成年公鸡体重3～4千克，母鸡2.2～3千克。年产蛋100～140枚，蛋重50～52克；蛋壳浅褐色，就巢性较强，年就巢4～6次。

（七）溧阳鸡

溧阳鸡（彩图6），产于江苏省溧阳市，体型较大，略呈方形，胫粗长，胸宽，肌肉丰满，羽色以黄色为主。成年公鸡体重3～3.5千克，母鸡2.4～2.6千克，肉质鲜美。年产蛋130～160枚，蛋重55～57克；蛋壳褐色或浅褐色，就巢性较强。

（八）河田鸡

河田鸡（彩图7），俗称鹿角鸡，产于福建省长汀县，为中小型鸡。单冠直立，冠后端分裂成叉状冠齿，称“三叉冠”，为河田鸡所特有的冠型。羽毛以棕黄色和黄色为主，喙、胫黄色，皮肤白色。成年公鸡体重 1.7 ～ 1.8 千克，母鸡 1.3 ～ 1.4 千克，躯体丰满，肉色洁白，肉质细嫩。年产蛋 100 ～ 120 枚，蛋重 43 ～ 46 克；蛋壳浅褐色，就巢性较强。

（九）霞烟鸡

霞烟鸡（彩图 8），原名下烟鸡，又名肥种鸡，原产于广西壮族自治区容县的石寨乡下烟村，广东、北京、上海等省市曾引入饲养。该鸡体躯中等。公鸡羽毛黄色或红色，母鸡羽毛黄色，背平、胸宽，白皮肤。成年公鸡体重 2.2 ～ 2.4 千克，母鸡 1.6 ～ 1.7 千克。该鸡肉质好、肉味鲜，白切鸡肉块鲜滑，深受人们欢迎。年产蛋 150 ～ 160 枚，蛋重 36 ～ 48 克，蛋壳浅褐色，就巢性较强。

（十）丝羽乌骨鸡

丝羽乌骨鸡（彩图 9），又称泰和鸡、武山鸡、白绒乌鸡、竹丝鸡，是我国的一个独特古老鸡种，原产于江西省，现分布在全国和世界各地。在国际标准鸡种中被列为观赏鸡种，在我国主要作为肉用养殖。乌骨鸡被认为有独特的药用滋补价值。乌骨鸡具有“十全”特征，即桑葚冠、樱头（凤头）、蓝耳、胡须、五爪、毛脚、乌皮、乌肉、乌骨。除白羽丝羽乌鸡外，还培育了黑羽丝羽乌鸡，又称为黑凤鸡。成年公鸡体重为 1.7 ～ 1.9 千克，母鸡 1.4 ～ 1.6 千克。产肉性能 150 日龄体重 1.4 千克，年产蛋 120 ～ 150 枚。蛋品质优良。肉质细嫩、肉味醇香，稍有独特的土腥味。

（十一）中国斗鸡

中国斗鸡，是我国的一个独特古老玩赏鸡种，有多个地方类型，其中以鲁西斗鸡（彩图 10）最为有名，主要分布于山东菏泽一带。鲁西斗鸡体型高大魁梧、体质健壮，成年斗鸡具有鹰嘴、鹅项、高腿和鸵鸟身等特征，羽色以红色、黑色居多。成年公鸡体重为 3.7 ～ 4.1 千克，母鸡 2.9 ～ 3.3 千克，年产蛋 40 ～ 60 枚。斗鸡除具有很强的好斗性，主要用作观赏鸡之外，还具有体型大、肌肉发达等特征，可作为育成地方型优质肉鸡的良好素材。

二、肉蛋兼用型品种

（一）浦东鸡

浦东鸡（彩图 11），原产于上海市黄浦江以东而得名，因该鸡体大，外貌多黄羽、黄喙、黄脚，群众又称它为九斤黄，偏重于产肉。公鸡羽毛有黄胸黄背、红胸红背和黑胸红背 3 种；母鸡全身黄色，有深浅之分，羽片端部或边缘常有黑色斑点，因而形成深麻色或浅麻色。单冠。母鸡往往有胫羽和趾羽，羽毛着生缓慢，公鸡常常 3 ～ 4 个月，全身羽毛才长齐。成年公鸡体重 4 千克，母鸡 3 千克左右，皮肤黄色，皮下脂肪较多，肉质优良。公鸡阉割后饲养 10 个月，体重可达 5 ～ 7 千克。年产蛋 100 ～ 130 枚，平均蛋重 58 克，蛋壳褐色，壳质良好。早期生长缓慢是浦东鸡的重要缺陷。

新浦东鸡是上海市农业科学院畜牧研究所于 20 世纪 70 年代采用浦东鸡和白洛克鸡、红色科尼什鸡经杂交选育，筛选出的配套品系。新浦东鸡 70 日龄公、母平均体重可达 1.5 千克，120 日龄可达 2.5 千克。保存了体大、肉质鲜美的特点，提高了早期生长速度和产蛋性能，是一种生产大型优质黄羽肉鸡的较好组合。

（二）北京油鸡

北京油鸡（彩图 12），产于北京市郊区，以肉味鲜美、蛋质优良著称，相传是古代给皇帝的贡鸡。根据其羽色和体型可分为两个类型。

1. 黄色油鸡　个体较大，羽毛浅黄色，主、副翼羽颜色较深，尾羽黑色，冠明（凤头）或有或无，胫、趾有羽毛（毛腿）。成年公鸡体重 2.5 ～ 3 千克，母鸡 2 ～ 2.5 千克。成熟期晚。年产蛋 120 枚左右，平均蛋重 60 克。

2. 红褐色油鸡　羽毛红褐色，俗称紫红毛。公鸡尤为美观，灿烂有光泽；母鸡羽色较暗。单冠，冠羽发达，常常遮住眼睛，胫趾羽毛丰满，不少个体颌下着生髯羽。因此常将三羽（凤头、毛腿、胡子嘴）性状看作北京油鸡的主要特征。红褐色油鸡成年公鸡体重 2 ～ 2.5 千克，母鸡 1.5 ～ 2 千克。年产蛋 130 ～ 140 枚，平均蛋重 50 克。

北京油鸡生长较慢，13 周龄体重 0.9 ～ 1 千克，适于后期育肥，但肉质优良，肌间脂肪分布良好，肉质细致，肉味鲜美，适于多种烹调方法；同时蛋品质优良，是我国的一个珍贵地方品种和土杂鸡中的上品，具有较好的开发利用价值。

（三）萧山鸡

萧山鸡（彩图13），俗称越鸡，产于浙江省杭州市萧山区，是我国优良的肉蛋兼用型地方鸡种。萧山鸡羽毛分红色、黄色两种。公鸡多为红羽，主尾羽为黑色；母鸡多黄羽和黄麻羽，单冠，喙、胫、皮肤均黄色。成年公鸡体重3～3.5千克，母鸡2～2.5千克。年产蛋140～160枚，蛋重50～55克。早期生长较快，育肥性能良好，肉质细嫩，鸡味浓郁。其缺点是骨骼较粗，胸肌欠丰满。

（四）狼山鸡

狼山鸡（彩图14-1、彩图14-2），产于江苏省南通市如东县一带。该鸡种体格健壮，头昂、尾翘，呈元宝形，羽毛有绒黑色、黄色和白色等类型。成年公鸡体重2.8～3.3千克，母鸡2～2.4千克。年产蛋160～180枚，蛋重55～60克，蛋壳浅褐色。觅食力强，易饲养。

（五）鹿苑鸡

鹿苑鸡（彩图15），产于江苏省张家港市鹿苑镇一带。喙、胫、皮肤均为黄色，羽色以淡黄色与黄麻色为主，躯干宽长，胸深，背腰平直。公鸡的镰（尾）羽短，呈黑色，主翼羽也多黑斑。成年公鸡平均体重2.6千克，母鸡1.9千克。年产蛋130枚左右，平均蛋重50克。肉质鲜美，蛋品质良好。以鹿苑鸡青年母鸡加工而成的“叫花鸡”驰名海内外。

（六）寿光鸡

寿光鸡（彩图16），又称慈伦鸡，产于山东省寿光市。寿光鸡体型高大，骨骼粗壮，胸部发达，背宽、平直，腿高而粗，脚趾大而坚实。黑羽有光泽，胫、喙青灰色，皮肤白色，红色单冠。有大、中两个类型。大型寿光鸡成年公鸡体重3.5～4千克，母鸡2.6～3千克，体貌雄伟；中型寿光鸡成年公鸡体重2.6～2.9千克，母鸡2.2～2.7千克。屠宰率较高，肉质鲜美。年产蛋

110～130枚，中型鸡高产小群可达200枚，平均蛋重60克，蛋壳红褐色，品质良好。

（七）大骨鸡

大骨鸡（彩图17），产于辽宁省庄河市。因该鸡体躯硕大，体高腿壮，而获“大骨”之名。公鸡羽色多呈棕红色，母鸡麻黄色。成年公鸡体重约2.9千克，母鸡2.3千克。年产蛋160～180枚，蛋重55～60克，蛋壳深褐色，肉蛋品质良好，是我国北方生产性能良好的肉蛋兼用品种之一。

（八）林甸鸡

林甸鸡（彩图18），产于黑龙江省林甸县。中小体型，深麻黄、浅麻黄、黑色为主，亦有芦花等杂色。单冠居多，少数个体为玫瑰冠，部分个体生有羽冠或胡须。胫较细，以青色居多，少数呈黑色或褐色，部分个体有胫羽。成年公鸡体重1.7～1.8千克，母鸡1.3～1.4千克。年产蛋90～110枚，蛋重55～58克。抗寒，生活力强。

（九）边鸡

边鸡（彩图19），分布于内蒙古与山西接壤各县，在山西省又称右玉鸡。体型中等，呈元宝形，羽色以红黑色或黄黑色为主。成年公鸡体重约1.8千克，母鸡体重约1.5千克，年产蛋100～120枚，蛋重55～60克，蛋壳深褐色，壳厚。就巢性强，适应性好。

（十）静原鸡

静原鸡（彩图20），又称静宁鸡、固原鸡，产于甘肃省静原县、宁夏回族自治区原州区。体型中小，羽色深棕色或黑色，多为平头，凤头较少。成年公鸡体重1.4～2千克，母鸡1.1～1.5千克。年产蛋120～140枚，蛋重53～58克，蛋壳褐色，是黄土高原耐寒、耐旱的鸡种。

（十一）彭县黄鸡

彭县黄鸡（彩图21），产于四川省成都平原西北部，以成都的彭县（现为彭州市）为中心产区。该鸡体型浑圆，羽黄红色、浅黄色或麻黄色。单冠居多，个别玫瑰冠。胫多呈白色，少数呈黑色，极少数个体有胫羽。成年公鸡体重约2千克，母鸡约1.5千克。年产蛋140～160枚，蛋重52～55克，蛋壳浅褐色。该鸡觅食能力强、耐粗饲，产肉和产蛋性能较好。

（十二）峨眉黑鸡

峨眉黑鸡（彩图22），产于四川省峨眉山、乐山、峨边等市、县。体型较大，羽黑色，着生紧密且有墨绿色光泽。肉髯、耳叶呈红色或紫色，皮肤白色，极少数为乌皮。成年公鸡体重约3千克，母鸡约2.2千克。年均产蛋120枚，平均蛋重54克，蛋壳褐色。母鸡就巢性强。

（十三）固始鸡

固始鸡（彩图23），以河南省固始县为中心产区。体型中等，体态匀称，羽毛丰满，尾型分为佛手状尾和直尾两种。公鸡羽色为深红色或黄色，母鸡以麻黄色和黄色为主，白、黑色很少。成年公鸡体重为2～2.2千克，母鸡1.4～1.8千克。年产蛋140～160枚，平均蛋重50克，蛋壳浅褐色。觅食力强，饲料转化效率较高。

（十四）茶花鸡

茶花鸡（彩图24），因雄鸡啼声似“茶花两朵”故而得名，主要产于云南省南部。体型短小，能飞善跑，骨细肉鲜，是一驯化选育程度较低的地方鸡品种。公鸡羽毛红色为主，尾羽特别发达，大镰羽、小镰羽有墨绿色彩；母鸡羽毛以黄麻色、棕色、黑麻色、灰麻色为主，少数为纯白、纯黑和杂花色。成年公鸡体重1～1.4千克，母鸡0.9～1.2千克。年产蛋70～130枚，平均蛋重37～41克，蛋壳深褐色。母鸡就巢性强。

（十五）藏鸡

藏鸡（彩图25），产于西藏自治区昌都、日喀则地区，青海省玉树市，四川省甘孜、阿坝等地区。体型小而紧凑，头部清秀，头带尾翘，呈船形，翼羽和尾羽发达，有飞翔能力。公鸡躯干羽毛以黑色或大红色为主，少数白羽或其他杂色羽，母鸡麻色为主，少数白色。成年公鸡体重1.1～1.5千克，母鸡0.8～1千克。年产蛋40～80枚，蛋重34～42克，蛋壳褐色。母鸡就巢性强。

（十六）莱芜黑鸡

莱芜黑鸡（彩图26），产于山东省莱芜市，是莱芜黑鸡育种中心和山东农业大学利用莱芜市本地土杂鸡提纯选育，于2002年育成的新品系，分肉用、蛋用两类。黑羽，胫、喙青黑色，皮肤白色。单冠，冠冉红色。莱芜黑鸡肉用系成年公鸡体重2.4～2.5千克，母鸡1.6～1.7千克，13周育肥体重公鸡1.5千克，母鸡1.2千克，料肉比3∶1，肉品质优；其中速型优质黑鸡配套组合10周龄公鸡体重1.5千克，料肉比2.8∶1，肉质优良。莱芜黑鸡蛋用系体型轻小，外貌清秀。成年公鸡体重2.1～2.3千克，母鸡1.4～1.5千克。约19周龄开产，72周龄产蛋220～240枚，平均蛋重46克，蛋壳浅褐色，蛋品质优良。其绿壳型配套蛋用组合所产蛋多呈浅绿色，料蛋比2.4～2.5∶1。

（十七）琅琊鸡

琅琊鸡（彩图27），原产于山东省日照市，中心产区为黄岛市南部与日照市东北部相连的沿海一带，主要分布于黄岛、日照等市地。属蛋肉兼用型鸡种，该鸡体形较大，单冠直立，多为平头。皮肤呈白色，喙呈灰黑色，虹彩呈橘黄色，胫呈深灰色。少数有胫羽、趾羽。公鸡胸宽深，冠大直立，毛色鲜亮，呈红褐色，胫羽、鞍羽呈金黄色，主翼羽、镰羽黑中带绿色光泽，有“火红大公鸡”之称。母鸡体小结实，眼大腿短，尾部翘起，行动灵活敏捷，具有蛋用鸡特点，毛色为黄褐或褐色麻羽，主副翼羽尾羽呈黑色，前胸羽毛呈浅黄色，背羽颜色较深，羽片有褐色斑点。雏鸡绒毛多为黄色，背部有黑线脊。成年公鸡体重1.9千克，母鸡1.5千克。开产日龄180～200天，年产蛋150～200个，蛋重50～55克，蛋壳呈浅褐色。

三、优质蛋用型品种

（一）仙居鸡

仙居鸡（彩图28），产于浙江省台州市，以仙居县、临海市、天台县等地最为集中。该鸡体型轻小，成年公鸡体重1.4～1.6千克，母鸡仅0.9～1千克。单冠。以黄羽毛为主，亦有白羽或黑羽，胫、喙黄色、青色及肉色。开产一般在 135 日龄。普通散养条件下，年产蛋 160 ～ 180 枚，良好条件下可达 200 枚以上，经选育的高产小群年产蛋可达 220 枚左右，平均蛋重 42 克，蛋品质优良，是国内知名的蛋用型小型地方鸡品种。

（二）白耳黄鸡

白耳黄鸡（彩图 29），又称白银耳鸡、江山白耳鸡、上饶白耳鸡，主要产于江西省上饶市和浙江省江山市。该鸡体型较小，成年公鸡体重 1.5 ～ 1.8 千克，母鸡 1.3 ～ 1.5 千克。母鸡黄羽，公鸡金红羽，喙、胫、皮肤均为黄色，耳叶为白色，被视为主要的品种特征。年产蛋 180 ～ 200 枚，蛋重 53 ～ 55 克，蛋壳质量好，蛋品质佳，是有发展前途的优质地方蛋鸡。

（三）济宁百日鸡

济宁百日鸡（彩图 30），原产于山东省济宁市，分布于邻近的嘉祥、金乡、兖州等县市。该鸡体小、玲珑，以蛋用为主，早熟个体能在 100 日龄左右开产，故得名。成年公鸡体重约 1.32 千克，母鸡约 1.16 千克。母鸡有麻色、黄色、花色等羽色，以麻羽最多；公鸡金红羽占 80% 以上，尾羽黑色闪有绿色光泽。胫主要有铁青色和灰色两种，皮肤多为白色。单冠 85%，黑喙 60%。该鸡开产最早的仅为 80 日龄，100 ～ 120 日龄开产较为普遍；年产蛋 180 ～ 200 枚，部分高产鸡年产蛋 200 枚以上，初产蛋重 32 克，平均蛋重 42 克；蛋壳质量好，粉色，深浅有差异，蛋形较整齐，蛋黄比例占蛋重的 36.9%，蛋品质佳。济宁百日鸡体重轻、耗料少，是一个以蛋用为主的小型地方品种。其体质健壮，抗病力较强，特别是罕见的早熟性状，是培育高产、早熟与抗病蛋用鸡的宝贵素材。

（四）汶上芦花鸡

汶上芦花鸡（彩图 31），原产于山东省济宁市汶上县汶河两岸、南四湖一带及邻近县市。该鸡体表羽毛为黑白相间的横斑羽，群众俗称芦花鸡。成年公鸡体重约 1.4 千克，母鸡约 1.26 千克。体型呈元宝状，清秀美观。胫白色居多，占 64%；皮肤多为白色，单冠 85%，黑喙 60%。在较好的管理条件下，年产蛋 180 ～ 200 枚，部分高产鸡年产蛋 200 枚以上，平均蛋重 45 克；蛋形较整齐，蛋壳质量好，粉色，深浅有差异，蛋品质佳。汶上芦花鸡遗传性稳定，体型小，耗料少，适应性强，是一个有特色的蛋用性能良好的地方品种。

四、土杂鸡配套系

不同品种或品系的鸡杂交以后的杂种，其生活力、抗病性、受精率、产蛋数、生长速度和饲料利用效率等通常比亲代高，这就是杂种优势。为了改进土杂鸡生长慢、饲料报酬低和群体整齐度差等缺点，人们利用现代育种技术，通过土杂鸡提纯选育建立纯系，引进黄羽肉鸡或隐性白羽肉鸡等品系。经杂交配合力测定，筛选出生产效果最佳的杂交组合，并建立起配套杂交制种和生产模式，即配套系。配套系杂交的商品鸡具有高产稳产、整齐度高等优点。配套系杂交一般有二系、三系或四系配套，土杂鸡配套系主要有二系配套（图 2-1）和三系配套（图 2-2）两种，四系配套（图 2-3）较少，主要用于商业肉鸡、蛋鸡品种中。

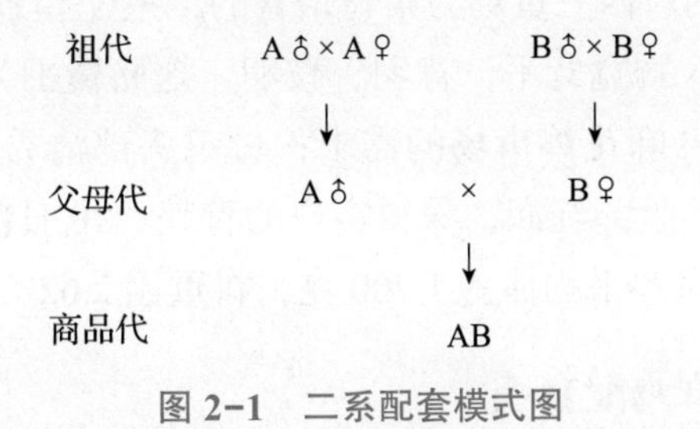

图 2-1　二系配套模式图

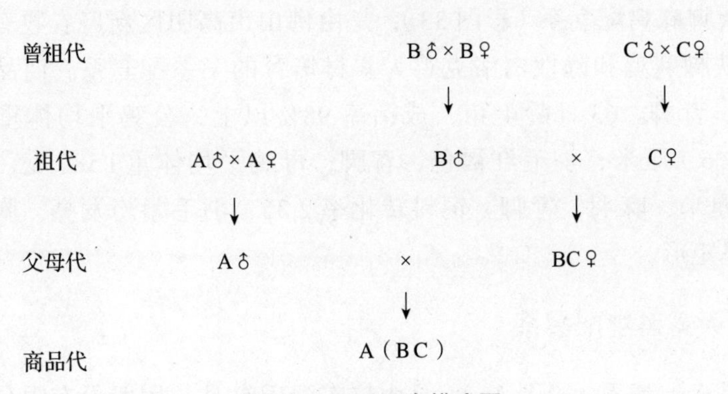

图 2-2　三系配套模式图

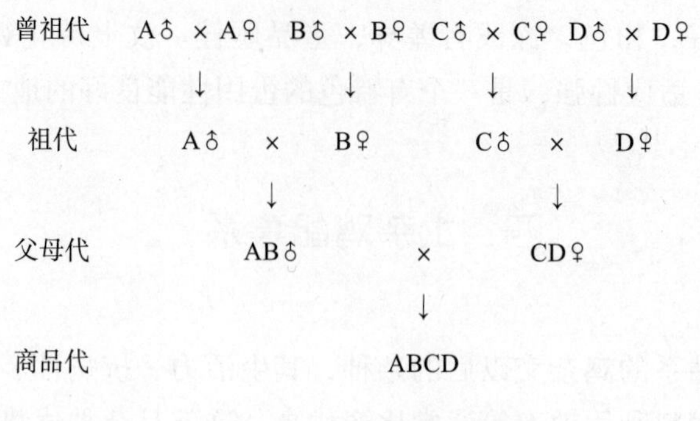

图 2–3 四系配套模式图

二系配套具有制种简单、投资少与见效快的优点，但制种效率、种鸡受精率、孵化率和商品代生产性能一般低于三系配套。

现国内主要推广的土杂鸡（优质肉鸡）配套系主要有：

（一）良凤花鸡配套系

良凤花鸡配套系（彩图 32），是由南宁市良凤农牧有限责任公司用白羽肉用鸡品种海波罗与当地的广西三黄鸡为素材培育的二系配套系。商品鸡早期生长速度快，公鸡体型健壮、胸宽背平，背羽、鞍羽、翅膀覆羽为酱红色，尾羽短翘，鸡冠型大、鲜红，适合麻花鸡市场的需求；母鸡头部清秀，体躯紧凑，羽色为黄麻色。出栏时冠大，脸部红润，深得客户的青睐。70 日龄公鸡平均体重 2 400 克，料重比 2.22∶1；母鸡平均体重 1 700 克，料重比 2.62∶1。

（二）新广铁脚麻鸡配套系

新广铁脚麻鸡配套系（彩图 33），是由佛山市高明区新广农牧有限公司用广西当地铁脚麻鸡和隐性白洛克鸡为素材培育的三系配套系。商品代雏鸡全部为麻羽，青脚。63 日龄上市，成活率 98% 以上，公鸡平均体重 2 020 克，胫长 6.5 ～ 6.7 厘米，羽毛红褐色，青脚；母鸡平均体重 1 580 克，胫长平均 5.9 ～ 6.3 厘米，麻羽，青脚。饲料转化率 2.35，羽毛紧凑发亮，胸、腿肌发达，外观呈矩形。

（三）天露黑鸡配套系

天露黑鸡配套系（彩图 34），是由广东温氏食品集团股份有限公司以广西麻鸡黑羽型和文昌鸡黑羽型为素材培育的优质肉鸡三系配套系。商品代公鸡毛色为黑色，成年背毛变红，腹部黑色，脚为黑色或黄色。单冠直立，冠大鲜红，早熟性好。羽毛紧凑，尾长适中，尾羽黑色发绿光。脚较细，体型团圆度适中。母鸡毛色为纯黑色，有绿光，少量为花颈圈个体。单冠，部分倒冠，冠较大鲜红，早熟性好。脚较细，脚色为黑色。体型团圆度适中，尾长适中。公鸡 84 日龄前后上市，体重 1 550 ～ 1 650 克，料重比 2.90 ～ 2.95：1；母鸡 105 日龄上市，体重 1 450 ～ 1 550 克，饲料转化比 3.4 ～ 3.5：1。

（四）温氏青脚麻鸡 2 号配套系

温氏青脚麻鸡 2 号配套系（彩图 35），是由广东温氏食品集团股份有限公司和华南农业大学共同研发的中快速型肉鸡品种，该品种配套系为三系杂交，育种素材来源于安卡红鸡、福建闽燕青脚麻鸡、广西桂林大发的青脚麻鸡、以色列卡比尔公司的 K2700 隐性白羽鸡。商品代公鸡冠红色、单冠，喙黑或黄色，皮白、脚黑，肉垂鲜红色，耳叶白色或红白相间，颈羽黄麻，头部、背部、胸部、腹部、鞍部的羽毛为金黄色或金黄偏红色，副翼羽和尾羽黑色并带墨绿色光泽，尾羽长翘呈黑色，体型团圆。成年母鸡冠红色、单冠，喙黑或黄色，皮白、脚黑，肉垂鲜红色，耳叶白色或红白相间，颈羽黄麻，胸部、腹部羽毛为黄色或深黄色，背羽为黄麻，体型团圆。70 日龄上市，公鸡体重 2 450 ～ 2 550 克，料重比 2.50 ～ 2.55：1；母鸡体重 1 950 ～ 2 050 克，料重比 2.65 ～ 2.70：1。

（五）雪山鸡配套系

雪山鸡配套系（彩图 36），是由常州市立华畜禽有限公司以藏鸡、茶花鸡和隐性白羽鸡为素材培育的三系配套系。商品鸡体型中等，早熟，体形清秀，性情活泼，觅食能力强，抗逆性强。公鸡红黑羽，母鸡深麻羽，快羽，尾羽发达。皮肤肉色，毛孔细，单冠直立，公鸡冠大而红，母鸡冠中等大小、较红。胫、趾青色。公鸡 12 周龄上市，上市体重 1 520 克，料重比 2.69：1；母鸡 16 周龄上市，上市体重 1 649 克，料重比 3.57：1。

（六）岭南黄鸡 3 号配套系

岭南黄鸡 3 号配套系（彩图 37），是由广东智威农业科技股份有限公司培育的三系配套系，属慢速型优质鸡中的高档特优质型肉鸡。商品代公、母均为慢羽，正常体型，三黄（羽、喙、脚黄），含胡须髯羽，单冠、红色，早熟，身短，胸肌饱满。公鸡羽色为金黄色，母鸡羽色为浅黄色。公鸡17周龄体重1 380克，料重比3.8∶1，母鸡17周龄体重1 219克，料重比4∶1。

（七）三高青脚黄鸡3号配套系

三高青脚黄鸡3号配套系（彩图38），是由河南三高农牧股份有限公司以固始鸡为主要素材培育的优质型三系配套系，基本保持了固始鸡优良的肉质和鸡蛋品质。商品代公鸡羽色黄红，梳羽、蓑羽色较浅且有光泽，主翼羽枣红色，镰羽和尾羽均为黑色；母鸡为黄羽或黄羽带有少量黑点。公、母鸡胫细、长，胫和喙为青色。16周龄公鸡体重1 862克，母鸡1 421克，公母平均料重比3.34∶1。

（八）苏禽绿壳蛋鸡配套系

苏禽绿壳蛋鸡配套系（彩图39），是由江苏省家禽科学研究所和扬州翔龙禽业发展有限公司以东乡绿壳蛋鸡和如皋黄鸡为主要素材培育的二系配套系。商品代100%产绿壳鸡蛋，性能一致性和抗逆性好，具备地方鸡外貌特征，适合规模化养殖。商品代鸡体型较小，呈船形，结构紧凑，全身羽毛黄红色，头小；单冠直立，中等大小，冠齿4～7个；眼大有神；冠和髯红色；皮肤、胫和喙黄色；胫高而细，四趾，无胫羽；快羽；雏鸡羽毛淡黄色；蛋壳深绿色。72周龄饲养日产蛋数210～220枚。

（九）新杨黑羽蛋鸡配套系

新杨黑羽蛋鸡配套系（彩图40），是由上海家禽育种有限公司以贵妃鸡和洛岛红蛋鸡为素材培育的三系配套系。商品代雏鸡全身黑色绒毛，腹部和翅尖为白色绒毛，快慢羽自别雌雄，母雏为快速羽，公雏为慢速羽。成年母鸡体型小，黑色羽毛，群体中60%以上为全黑羽个体，其他鸡黑羽，夹带黄黑麻羽或黑白麻羽。商品代全部为黑胫，凤头，80%个体有五趾。72周龄饲养日产蛋数295枚。

（十）豫粉1号蛋鸡配套系

豫粉1号蛋鸡配套系（彩图41），是由河南农业大学、河南三高农牧股份有限公司和河南省畜牧站以芦花羽固始鸡及巴布考克B-380褐壳蛋鸡和罗曼粉壳蛋鸡为素材培育的三系配套系。商品代羽色自别雌雄。母雏为黄麻羽、公雏为灰白羽；母雏青胫（少量黄白胫）、公雏黄白胫。背、颈、翅带黑斑。公母雏均为单冠。成年母鸡矮小型、青胫（少量黄白胫）、黄麻羽、白皮肤、产粉壳蛋；成年公鸡正常型，黄白胫、浅芦花羽（哥伦比亚羽色），有较好的育肥性能，可作优质肉鸡上市。72 周龄饲养日产蛋数 240 ～ 250 枚。

（十一）东禽 1 号麻鸡配套系

东禽 1 号麻鸡配套系（彩图 42），是由山东纪华家禽育种股份有限公司和山东农业大学产学研结合，以琅琊鸡为主要素材培育而成的中快速型青脚麻鸡新品种。父母代母鸡携带 dw 基因，矮小节粮，性情温驯。父母代雏鸡通过胫色和羽色自别雌雄，商品代雏鸡通过羽速自别雌雄。商品代公鸡为火红羽，母鸡为黄麻羽。体型紧凑，冠红毛亮，胫喙青色，皮肤白色。9 周龄出栏公鸡平均体重 2 343 克，料重比为 2.12 : 1，母鸡平均体重 1 869 克，料重比 2.39 : 1。该品种适应性良好，适合我国北方地区尤其是黄淮地区饲养。

第三章 鸡舍建造与饲养设备

土杂鸡对自然环境适应性很强，但土杂鸡饲养场地选择的好坏、适宜与否，会影响土杂鸡的健康状况和经济效益。相比之下，土杂鸡的场地和设施相对简单。可以饲养土杂鸡的场地很多，如果园、改造闲置房舍和空闲山地等。但选择场址时，还必须认真调查研究，根据自身的生产目标和当地自然、社会条件，加以综合考虑。

一、场址选择

（一）位置

1. 荒坡林地 荒山地应远离人口密集的热闹区域，鸡舍建在地势较高，背风向阳，地势较平坦，易防兽害和疫病传染的山中。由于场地地势高燥，空气清新，环境安静，使鸡能够自由活动，如晒太阳，泥沙浴，采食大量的天然饲料，从而增加营养，减少各种应激和疫病感染，降低饲养成本。在平原地区建场，应选择地势高燥、平坦或稍有坡度的平地，坡向以南向或东南向为宜。这种场址阳光充足，光照时间长，排水良好，有利于保持场内的环境卫生。

2. 山区建场 选择远离住宅区、工矿区和主干道路，环境僻静的山地。最好是果园及灌木林、荆棘林和阔叶林等。其坡度不宜过大，最好是丘陵山地。土质以沙壤为佳，若是黏质土壤，在放养区应设立一块沙地。附近有小溪、池塘等清洁水源。要考虑到鸡群对农作物生长、收获的影响。鸡舍既不能建在山顶，也不能建在山谷深洼处，应建在向阳的南坡上。所选地势的好坏，直接关系到光照、通风、排水和鸡舍保温等情况。如建在山顶，昼夜温差太大，不利于鸡舍保温；建在低洼山谷，地面潮湿，气流不畅，污浊空气难以扩散，夏季闷热，冬季冷空气下降气温较低。

3. 园地　选择地势高燥、避风向阳、环境安静、饮水方便、无污染和无兽害的竹园、果园、茶园与桑园等地。不仅解决了原室内养殖场所紧张的问题，扩大了饲养量，还降低饲养成本。园地放养鸡可在园中捕捉到昆虫，在土壤中寻觅到自身所需的矿物质元素和其他一些营养物质，提高了自身的抗病性，大大降低了饲料添加剂成本、防病成本和劳动强度。鸡在园地寻觅食物及活动过程中，可挖出草根、踩死杂草、捕捉昆虫，从而达到除草、灭虫的作用。鸡粪是很好的有机肥料，园地养鸡后可减少化肥的施用量，提高产品的品质。

4. 冬闲田　选择远离村庄、交通便利、排水性能良好的冬闲田。利用木桩或水泥桩做支撑架，搭成2米高的“人”形屋架，周围用塑料布包裹，屋顶加油毡，地面铺上稻草，也可以养土杂鸡。

（二）水源

鸡场用水比较多，每只成年鸡每天的饮水量平均为300毫升，在炎热的夏季，饮水量增加，一般鸡场的生活用水及其他用水是鸡饮水量的2～3倍。因此，鸡场必须要有可靠、充足的水源，并且位置适宜，水质良好，便于取用和防护。最理想的水源是不经处理或稍加处理即可饮用，要求水中不含病原微生物，无臭味或其他异味，水质澄清。地面水源包括江水、河水、湖水、塘水等，其水量随气候和季节变化较大，有机物含量多，水质不稳定，多受污染，使用时最好经过处理。大型鸡场最好自辟深井，深层地下水水量较为稳定，并经过较厚的土层过滤，杂质和微生物较少，水质洁净，且所含矿物质较多。

（三）环境条件

鸡场场址位置的确定要远离工厂、铁路、公路干线及航运河道。尽量减少噪声干扰，使鸡群长期处于比较安静的环境中。鸡的饲料、产品以及其他生产物质等需要大量的运输能力，因此，要求交通方便，周边道路必须路基坚固、路面平坦、排水性能好。电源是否充足、稳定，也是鸡场必须考虑的条件之一。为便于防疫，新建鸡场应避开村庄、集市、兽医站、屠宰场和其他鸡场。

二、鸡场布局

土杂鸡饲养规模大小不同，建筑物的种类和数量也不相同，房舍场地要求相对简易。但是无论是建筑物种类比较多、设施全的综合性土杂鸡场，还是农户小规模散养，场内布局均应遵循分布合理、有利于防疫的布局原则。在确定建筑物布局时，要考虑到当地的自然条件和环境条件，如当地的主导风向（特别是夏、冬季的主导风向）（图3-1）、地势及不同年龄的鸡群，还要考虑到鸡群的经济价值等，为改善鸡群的防疫环境创造有利条件，便于生产管理，减小劳动强度。在安排鸡场内各种建筑物布局时，要按其执行的功能安排在不同区域的有利位置。饲料库的位置，应在鸡舍附近。场内各建筑物之间的距离要尽量缩短，建筑物的排列要紧凑，以缩短修筑道路、管线的距离，节省建筑材料，减少生产投资。

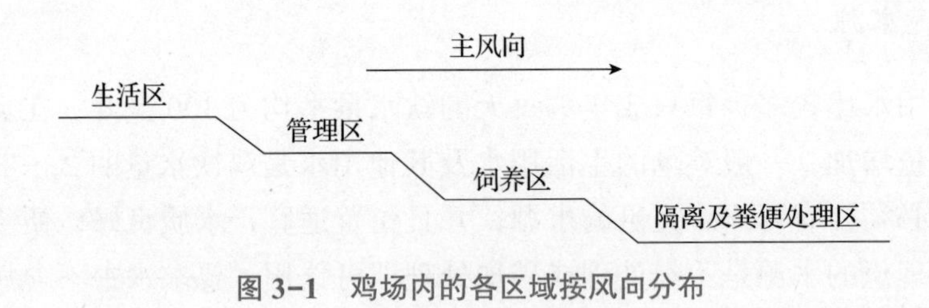

图3-1　鸡场内的各区域按风向分布

三、鸡舍类型

（一）简易棚舍

在放养区找一背风向阳的平地，用油毡、帆布及茅草等借势搭成坐北朝南的简易鸡舍，可直接搭成金字塔形，南边敞门，另外三边可着地，也可四周砌墙，其方法不拘一格。要求随鸡龄增长及所需面积的增加，可以灵活扩展。棚舍能保温、能挡风，不漏雨、不积水。或者用竹、木搭成“人”字形框架，两边滴水檐高1米，顶盖茅草，四周用竹片间围，做到冬暖夏凉。鸡舍的大小、长度以养鸡数量而定。在荒山林地内搭起一定的临时荫棚，供鸡防风避雨和白天盛料盛水。值班室和仓库建在鸡舍旁，方便看管和工作。

（二）普通型鸡舍

在建筑结构上，采用比较简单的方法，修建成斜坡式的顶棚，坡面向南，北面砌一道 2 米的墙，东西两侧可留较大的窗户，南侧可用尼龙网或铁丝网，但必须留大的窗户。面积以 16 米^2 为宜，这种鸡舍通风效果好，可以充分利用太阳光，保暖性能良好，南方、北方都适用。这种鸡舍配有较大的运动场，可以建在果园里采用半开放式饲养。鸡既可吃果园中的害虫及杂草，还可为果园施肥。既有利于防病，又有利于鸡只觅食。放牧场地可设沙坑，让鸡洗沙浴。地面平养，每平方米面积可载大鸡 10 只左右，用木屑、稻草秸等做垫料；笼养、网养用木料和塑料（1 厘米 ×1 厘米的网目）自制。注意搭支架时，要保证鸡只自由进出、上下鸡舍休息和活动。

（三）塑料大棚鸡舍

塑料大棚鸡舍（图 3-2、图 3-3），在外形上类似于蔬菜大棚，南北走向或东西走向均可。棚舍跨度（宽度）一般 7 ～ 10 米，长度根据饲养规模确定，一般为 20 ～ 80 米，横切面最高点为 2.7 ～ 3.5 米，框架多为竹木结构或钢结构，棚顶多为弓形或人字形。棚顶多为 4 层结构，第 1 层为无滴塑料薄膜，第 2 层为草栅或油毛毡等保温材料，第 3 层为塑料薄膜，第 4 层为厚稻草栅或尼龙布，用铁丝固定好。舍内地面可用三合土或水泥铺平，以便出鸡后消毒和清理

图 3-2 塑料大棚鸡舍外景

图 3-3 塑料大棚鸡舍内景

鸡舍进出运输工具。棚两侧加一层尼龙网，再加一层塑料膜，通过塑料膜调节通风量，冬季再在塑料膜外加一层塑料纺织袋来保温。棚两侧边缘用砖砌 30 ～ 50 厘米高的墙，可缓冲进入的冷空气，同时作为与外界的隔断。

（四）封闭式鸡舍

封闭式鸡舍一般是用隔热性能好的材料构造房顶与四壁，不设窗户，只有带拐弯的进气孔和排气孔，舍内小气候通过各种调节设备控制。这种鸡舍的优点是减少了外界环境对鸡群的影响，有利于采取先进的饲养管理技术和防疫措施，饲养密度大，鸡群生产性能稳定；但相应的建筑成本和维持成本也会较高。

（五）开放式网上平养无过道鸡舍

这种鸡舍适用于育雏和饲养育成鸡、仔鸡。鸡舍的跨度 6 ～ 8 米，南北墙设窗户。南窗高 1.5 米，宽 1.6 米；北窗高 1.5 米，宽 1 米。舍内用金属铁丝隔离成小自然间。每一自然间设有小门，供饲养员出入及饲养操作。小门的位置依鸡舍跨度而定，跨度小的设在鸡舍内南或北一侧，跨度大的设在中间，小门的宽度约 1.2 米。在离地面 70 厘米高处架设网片。

（六）利用旧设施改造的鸡舍

利用农舍、库房等其他设备改建鸡舍，达到综合利用，可以降低成本。必须做到通风、保温。一般旧的农舍较矮，窗户小，通风性能差。改建时应将窗户改大，或在北墙开窗，增加通风和采光。舍内要保持干燥。旧的房屋低洼、湿度大，改建时要用石灰、泥土和煤渣打成三合土垫在室内，在舍外开排水沟。

四、用具与设备

（一）自动空气能设备

自动空气能设备（图 3-4、图 3-5）是把空气中的热量通过冷媒搬运到水中，使水升温，相较于传统的电加热和燃煤、燃气加热更加节能、环保，现多用于笼育雏时的室内加温。

图 3-4 自动空气能设备舍外部分

图 3-5 自动空气能设备舍内部分

（二）保姆伞及围栏

保姆伞有折叠式和不折叠式两种。不折叠式又分方形、长方形及圆形（图 3-6）等。伞内热源有红外线灯、电热丝、煤气燃烧等，采用自动调节温度装置。折叠式保姆伞适用于网上育雏和地面育雏，伞内用陶瓷远红外线加热，伞上装有自动控温装置，省电，育雏效率高。不折叠式方形保姆伞，长宽各为 1 ～ 1.1 米，高 70 厘米，向上倾斜呈 45° 角，一般可用于 250 ～ 300 只雏鸡的保温。一般在保姆伞的外围还要加围栏，以防止雏鸡远离热源而受冷，热源离围栏 75 ～ 90 厘米。雏鸡 3 日龄后围栏逐渐向外扩大，10 日龄后撤离。

图 3-6 保姆伞

（三）红外线灯

红外线灯分有亮光的和没亮光的两种。生产中用的大部分是有亮光的，每盏红外线灯为 250 ～ 500 瓦，灯泡悬挂离地面 40 ～ 60 厘米，可根据育雏的需要进行调整。通常 3 ～ 4 个灯泡为一组轮流使用，每个灯泡可以保温 100 ～ 150 只雏鸡。料槽与饮水器不宜放在灯下。

（四）饮水器

饮水器多由顶圆桶和直径比圆桶略大的底盘构成（图3-7a）。圆桶顶部和侧壁不漏气，基部离底盘高2.5厘米处开1～2个小圆孔。使用时，先使桶顶朝下，水装至圆孔处，然后扣上底盘反转过来。这种饮水器构造简单，使用方便，便于清洗消毒。它可以用镀锌铁皮、塑料等材料制成V形或U形水槽，前者多用镀锌铁皮制成，但使用寿命短，容易腐蚀。也可以用大口玻璃瓶等制作，取材方便，容易推广。现在多用塑料制成的U形水槽，不仅解决了上述问题，而且使用方便，易于清洗，寿命长。

乳头式饮水器是由阀芯与触杆组成，直接同水管相连（图3-7b、图3-7c）。由于毛细管的作用，触杆端部经常悬着一滴水，鸡需要饮水时，只要啄动触杆，水即流出。鸡饮水完毕，触杆将水路封住，水即停止外流。这种饮水器安装在鸡头上方处，让鸡抬头喝水。安装时要随鸡的大小改变高度，可以安装在鸡笼内，也可以安装在鸡笼外。

吊塔式饮水器由钟形体、滤网、大小弹簧、饮水盘、阀门体等组成（图3-7d）。水从阀门体流出，通过钟形体上的水孔流入饮水盘，保持一定水面。适用于大群平养。这种饮水器灵敏度高，利于防疫，性能稳定，自动化程度高。

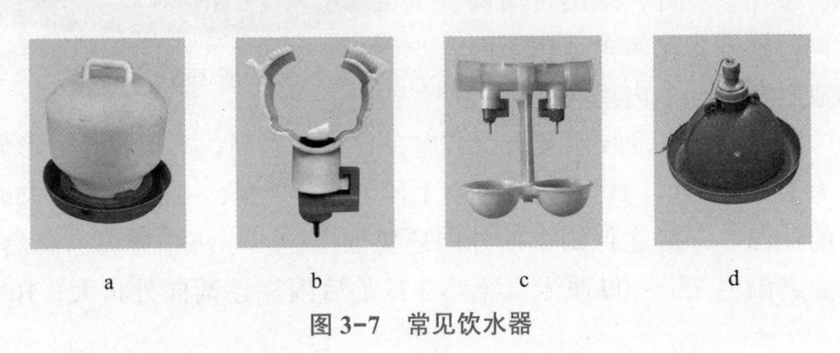

a　　b　　c　　d

图3-7　常见饮水器

a. 顶圆桶饮水器　b、c. 乳头式饮水器　d. 吊塔式饮水器

（五）断喙器

断喙器型号较多，用法不尽相同。采用红热烧切，既断喙又止血，断喙效果好。该断喙器（图3-8）主要由调温器、变压器与上刀片、下刀口组成。它用变压器将220伏交流电压变成低压大电流，使得刀片的工作温度在820℃以上，刀片的红热时间不超过30秒，消耗功率在70～140瓦，输出功率可以调

节，以适应不同日龄雏鸡断喙的需要。

图 3-8　断喙器

（六）喂料设备

饲槽是养鸡的一种重要设备（图 3-9），因鸡的大小、饲养方式不同对饲槽的要求也不同，但无论哪种类型的饲槽，均要求平整光滑，采食方便，不浪费饲料，便于清刷消毒。制作材料可选用木板、镀锌铁皮及硬质塑料等。开食盘，用于 1 周龄前的雏鸡，大都是由塑料和镀锌铁皮制成。船形饲槽在平养与笼养普遍使用，长度依据鸡笼而定。在平面散养的条件下，饲槽的长度为 1 ～ 1.5 米，为防止鸡踏入槽内将饲料弄脏，可以在槽上安装转动的横梁。干粉料桶，包括一个无底圆桶和一个直径比圆桶略大的底盘，短链相连，可以调节桶与底盘之间的距离。

a

b

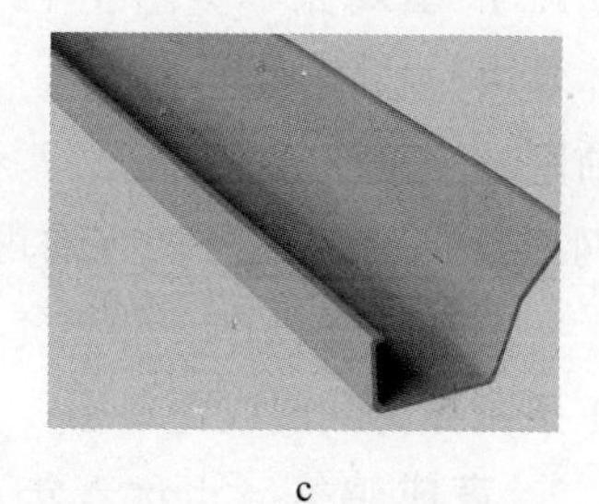
c

图 3-9　常见饲槽

a. 自动料线饲槽　b. 干粉料桶　c. 船形饲槽

机械喂料设备包括储料塔（图 3-10）、输料机、喂料机（图 3-11）和饲槽 4 个部分。储料塔放在鸡舍的一端或侧面，用来储存该鸡舍鸡的饲料。它用厚 1.5 毫米的镀锌钢板冲压而成，其上部为圆柱形，下部为圆锥形，圆锥与水平面的夹角应大于 60°，以利于排料。塔盖的侧面开一定数量的通气孔，以排出饲料在存放过程中产生的各种气体和热量。储料塔多用于大型规模化鸡场，储料塔使用散装饲料车从塔顶向塔内装料。喂料时，由输料机将饲料送往鸡舍的喂料机，再由喂料机将饲料送到饲槽，供鸡采食。

图 3-10　储料塔

图 3-11　喂料机

（七）鸡笼

1. 产蛋鸡笼　见图 3-12。笼架是承受笼体的支架，由横梁和斜撑组成。笼体是由冷拔钢丝电焊而成，包括顶网、低网、前网、后网、隔网和笼门。一般前网和顶网压制在一起，后网和低网压制在一起，隔网为单片网，笼门作为前网或顶网的一部分，有的可以取下，有的可以上翻。笼底网要有一定的坡度，一般为 6° ～ 10°，伸出笼外 12 ～ 16 厘米，形成集蛋箱。附属设备护蛋板为 1 条镀锌薄铁皮或塑料板，置于笼内前下方，鸡头可以伸出笼外啄食。

2. 育成鸡笼　也称青年鸡笼，主要用于青年母鸡，一般采取群体饲养。其笼体组合方式多采用 3 ～ 4 层半阶梯式或单层平置式。笼体由前网、后网、顶网、底网和隔网组成，每个大笼隔成 2 ～ 3 个大小不等的小笼，笼体高为 30 ～ 35 厘米，笼深为 45 ～ 50 厘米，大笼长度一般不超过 2 米。

3. 育雏鸡笼　适用于养育雏鸡，生产中多采用叠层式鸡笼（图 3-13）。一般鸡笼架为 4 层 8 格，长 180 厘米、深 45 厘米、高 165 厘米；每个单笼长 87 厘米、高 24 厘米、深 45 厘米，每个单笼可养雏鸡 10 ～ 15 只。

4. 种鸡笼　多采用 2 层半阶梯式或平层式。适用于种鸡自然交配的群体笼，前网高度为 72 ～ 73 厘米，中间不设隔网，笼中公、母鸡按一定比例混养。适用于种鸡人工授精的鸡笼分为公鸡笼和母鸡笼，母鸡笼的结构与产蛋鸡笼相同。公鸡笼中没有板底网，没有滚蛋角和滚蛋间隙，其余结构与产蛋鸡笼相同。

图 3-12　产蛋鸡笼

图 3-13　育雏鸡笼

（八）栖架

鸡有高栖过夜的习性，每到天黑之前，总想在鸡舍内找个高处栖息。假设没有栖架，个别的鸡会飞在高处过夜，多数拥挤在一角栖伏在地面上，对鸡的健康不利且容易压堆致死。因此，在舍内后部应设有栖架。栖架主要有两种形式：一种是将栖架做成梯子形靠立在鸡舍内，或做成“人”形立在鸡舍中，称为立式栖架（图 3-14、图 3-15）；另一种是将栖架钉在墙壁上。

图 3-14　立式栖架（封闭式鸡舍内）

图 3-15　立式栖架（塑料大棚鸡舍内）

（九）清粪设备

鸡舍内的清粪方式有人工清粪和机械清粪两种。

1. 人工清粪　需要的设备主要有铁锹、刮粪板和推粪车。

2. 机械清粪　常用设备包括刮板式清粪机和带式清粪机（图 3-16、图 3-17）。

刮板式清粪机多用于阶梯式笼养和网上平养，带式清粪机多用于叠层式笼养。

图 3-16　鸡舍内部带式清粪机

图 3-17　鸡舍外部带式清粪机

通常使用的刮板式清粪机分全行程式和步进式两种。它由牵引机（电动机、减速器、绳轮），钢丝绳，转角滑轮，刮粪板及电控装置组成。全行程式刮板清粪机适用于短粪沟，步进式刮板清粪机适用于长鸡舍。

第四章 种鸡选育与饲养管理

一、种鸡选育

种鸡选育就是把优秀的公、母鸡选出来留作种用，让它们大量繁殖后代，希望把它们的优良品质遗传给后代。这就要求种鸡不仅本身品质优良，还要求遗传性稳定。由于养鸡的目的不同，选择的内容和方法也不同。土杂鸡选育实践中，要努力提高其生产性能，在保持优良肉、蛋品质基础上，既要提高群体整齐度，又要选择其“包装”性状（如羽色、冠形、肤色、胫色、体型等），以满足不同消费者的需求。

（一）选种要求

土杂鸡的选种要求随品种、类型不同而存在较大差异，选种的目标也应随着市场需求的变化而变化。

1. 肉用种鸡的选种要求 肉用型土杂鸡体型结构、外貌特征符合品种要求，结构匀称，体质结实，生长发育健全，觅食力强。眼大有神，耳叶丰满，冠和肉垂鲜红、发达、毛孔细；胸宽而深且向前突出，胸肌发达，无胸部囊肿；体躯长、宽且深，腿部粗壮有力，腿肌发达；爪直，羽毛丰满。凡腿、脚畸形、扭翅及垂尾者均不宜留种。另外，公鸡要求姿势雄健而挺立，母鸡要求性情温驯，行动活泼。

肉用土杂鸡在产肉性能方面要求初生重大，早期生长速度快，各期体重符合品种要求；屠宰率高，肉质好；胸部肌肉发达，肌纤维细、拉力小；饲料转化率高。

2. 蛋用种鸡的选种要求 蛋用种鸡要求体型外貌符合品种要求，如羽毛、皮肤、耳叶、胫的颜色及冠形符合品种特征，结构匀称，发育正常，健康无病，活泼好动，体型小，觅食性强；头清秀，眼大有神，喙短粗而弯曲，冠和肉垂发达、鲜红、柔软而温暖，耳叶丰满；头顶近似正方形，体躯长、宽且深，胸深并向前突出；腹大、柔软、有弹性，泄殖腔口大而呈椭圆形、内侧湿润；两耻骨末端薄而有弹性，胫长短适中、距离较宽。凡瞎眼、跛脚、眼睑内陷、毛色不纯、龙骨弯曲和消瘦者均不宜留种。另外，种用公鸡要求胸宽、深并向前突出，背不过长而较宽，姿势雄壮，羽毛丰满，勤于交配。

蛋用种鸡产蛋性能要求产蛋量高，性成熟早，产蛋持久性优良，抱性差或无抱性，体重较小，蛋品质好，蛋重适中。另外，种鸡要求抗病力强，成活率高，繁殖性能优良，受精率高，孵化率高。

3. 蛋鸡和肉鸡育种新趋势 随着社会和经济的发展及蛋鸡和肉鸡市场新变化，鸡的生产正由过去的"生产驱动型"向"市场驱动型"转变，鸡的育种也逐渐由量向质的方面转化，选种的目标也随之发生一系列新变化。

（1）蛋鸡 提早鸡的开产日龄，延长鸡的产蛋期，提高鸡的连产性，防止停产日的发生，进一步提高产蛋能力；在保持高产蛋量的前提下，提高蛋重，改善蛋壳质量，降低破损率；小型化趋势，降低料蛋比，提高经济效益；提高鸡的适应性和抗病力；选育新鸡种。

（2）肉鸡 提高屠宰率和大腿肉、胸肉的比例；提高种鸡的产蛋率、受精率、健雏率及种蛋质量；增加腿部的结实程度；母鸡小型化，降低饲料消耗；降低腹脂沉积，减少肉鸡肥度，改善肉质；繁殖和利用中等大小的普通肉鸡和供剔骨用的大型肉鸡的品系和配套杂交组合。

（3）优质鸡或土杂鸡 在中国和东南亚地区由于较高的价位和巨大的市场拉动，优质鸡或土杂鸡的育种出现热潮。区别于普通的肉鸡和蛋鸡，优质型肉鸡主要要求体小早熟、骨细皮薄，肌纤维细嫩多汁，外被麻羽、青胫、"三黄"等"包装性状"，健康活泼，不追求过快的生长速度和高的饲料报酬，而是通过适当牺牲生长速度来尽量保持肉质，并要求采取适宜的饲养方式，同时努力提高群体整齐度，以适应现代规模化生产要求。优质型蛋用土杂鸡主要强调良好的蛋品质，一般要求蛋重40～50克，蛋黄浓艳，以较深的橙黄色到橘红色为佳，蛋白浓稠清亮，蛋壳坚实、外表光泽，蛋香味浓郁清新，蛋壳颜色为粉色、浅褐色或浅绿色（绿壳型），与普通鸡蛋有明显的区别，产蛋数多，体型小型化。

（二）种鸡的选育管理

1. 种鸡的编号　编号是育种工作的第一个环节，常用的编号有翅号（图 4-1）和胫号，多由铝片制成，也有塑料材质的，上面印有号码。现在也有用条形码或二维码（图 4-2）及电子芯片的，以方便数据的采集。

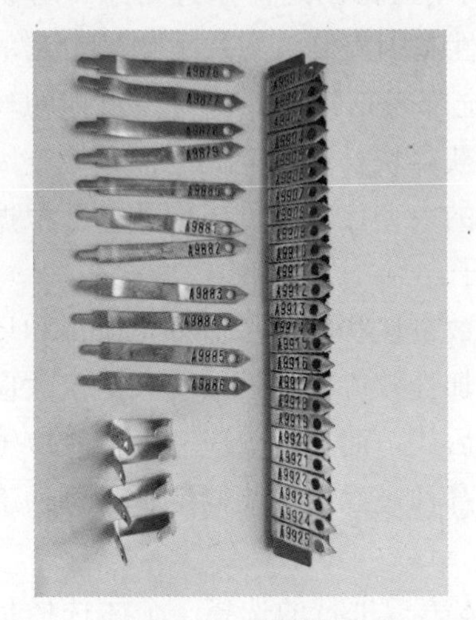

图 4-1　铝制翅号

图 4-2　二维码翅号

2. 记录及常用表格　各项记录资料是育种工作的基本依据，常用的记录表格有产蛋记录表、谱系孵化记录表、雏鸡编号表、公鸡卡片、母鸡卡片和生长发育记录表等。

3. 生产力的统计　经常统计和分析生产力是育种工作的重要内容，是选种的主要依据，也是衡量经济效益的重要措施。经常统计的项目有产蛋力、产肉力和繁殖力。

（三）选择方法

选择方法包括数量性状和质量性状的选择，表型选择和基因型选择，个体选择与家系选择，单性状选择与多性状选择，直接选择和间接选择等。

1. 表型选择　根据鸡的外貌特征、生理特征和生产性能记录等进行选择。育种实践中，快慢羽可进行表型选择，雏鸡出壳后第一天，根据主翼羽和覆主翼羽的长短选择出快羽、慢羽分别组群繁殖，在以后各代中逐步选择淘汰慢羽群中的快羽，或经过测交淘汰慢羽群中杂合子公雏。土杂鸡的“包装性状”及其发育时间迟早的选择在30日龄左右进行，选择鸡冠发育快、红润的个体留种。此外，绿壳蛋、产蛋性能与生长速度等性状的选择均可采用表型选择。

2. 基因型选择 基因型选择是以表型选择为基础，根据被选个体的祖先、同胞、后裔和个体本身的遗传性能表现进行选择。

质量性状的基因型选择比较容易，利用孟德尔定律来进行遗传分析。例如，丝毛性状的选择，丝毛性状由1对隐性基因控制，在快大型乌骨鸡的选育中，艾维因肉鸡与丝毛乌骨鸡杂交F_1代全部为正常羽，F_2代中出现的丝毛个体则为隐性纯合体，选择隐性个体纯繁可获得快长型丝毛鸡。而显性基因选择比较困难，因为显性纯合体和显性杂合体的表型往往相同。因此，除根据表型淘汰隐性个体外，还可应用测交淘汰杂合子。

数量性状的选择比较复杂。任何一个数量性状的表型值都是遗传和环境共同作用的结果。一般我们把遗传效应分为加性效应、显性效应和上位效应。加性遗传效应即为育种值，可真实地遗传给后代。而显性效应和上位效应虽然也受基因控制，但不能真实地遗传给后代，育种过程中不能固定，对育种工作意义不大。

3. 个体选择 个体选择是指依据个体表现进行的选择。个体选择是育种实践中广泛采用的一种方法。它适合于质量性状和遗传力中等以上数量性状的选择。个体选择可以有效地改进体重、蛋重、蛋壳、羽毛生长速度和早熟性，是土杂鸡育种实践中常用的方法之一。

4. 家系选择 家系选择是根据家系的表型值进行选择。家系选择是现代家禽育种中广泛采用的一种方法。适应于遗传力低但又很重要的经济性状的选择，如产蛋量、受精率和生活力等。家系选择并不以个体表型的大小为依据，而是以家系表型均值的大小为依据，以家系为单位进行选择。

家系选择与同胞选择属于同一范畴，但又有所不同，家系选择直接选留优秀家系，而同胞选择则是根据同胞成绩选留优秀个体。家系大时，两者没有多大差别；家系小时，两者有一定的差别。因为同胞选择中同胞的成绩对被选留种禽的育种值没有直接影响，家系选择常用于对母禽的选择，同胞选择常用于对公禽的选择。

在育种实践中，个体选择和家系选择应结合进行。在优秀家系中，选择其中表现良好的个体作种禽，可收到很好的效果。

5. 单性状选择 针对某一个性状的选择称单性状选择。单性状选择在土杂鸡育种实践中也经常用到，特别是在一个有稳定遗传结构的群体中选择某一标志性状时采用，例如黄羽、麻羽、青胫、青喙、乌皮、乌骨等性状的选择。

6. 多性状选择 多性状选择是指育种实践中对多个性状同时选择的一种方法，是家禽育种常采用的方法。多性状的选择方法有顺序选择法、独立淘汰法和综合指数选择法。应用最广泛的是综合指数选择法。

综合指数选择是在几个性状同时进行选择时，按照每个性状的遗传力和相关程度以及在经济上的重要性，制定一个能代表育种值的综合指数作为选择依据，选择综合指数比较高的个体留作种用。制定综合指数时，按照每个性状的经济重要性或选择重要性不同给出不同的加权值。

（四）土杂鸡品系的家系选育法

利用家系选择方法进行土杂鸡育种，可建立生产性能良好的土杂鸡新品系。其主要内容是先形成优良家系，然后封闭，进一步繁殖选育。下面简要介绍土杂鸡家系选育的过程和具体方法。

第一年，选 20 只公鸡和 300 只母鸡，每只公鸡配 15 只母鸡。这样第一年的后代，从父系看有 20 只公鸡家系，从母系看有 300 只母鸡家系。

测定当年后代的生长发育，开产到 12 月龄的产蛋量、蛋重。采用全同胞和半同胞的平均值鉴定第一年种公、母鸡的优劣，将比较优秀的亲本公、母鸡选出，为零世代。

亲本公、母鸡的后代为 1 世代。对于它们的选择，母鸡应在平均值以上，公鸡属优秀亲本公鸡的后代且在平均值以上。数量是公鸡 20 只、母鸡 300 只，均作种用。

1 世代公、母鸡的选配应避免全同胞、半同胞交配。

第二年，1 世代母鸡完成一个产蛋年，则按全年成绩进行亲本母鸡的后裔鉴定，选出合格的优秀公、母鸡称为第一年鉴定种公、母鸡。

1 世代的公、母鸡在完成一个产蛋年后，计算选择性状（如产蛋量、蛋重、体重、受精率、孵化率和死亡率）的全群平均值及不同家系全同胞、半同胞平均值。1 世代母鸡以个体成绩与全群平均值、全同胞与半同胞平均值比较，选出优秀的母鸡为复鉴合格母鸡。1 世代公鸡以全同胞、半同胞成绩和本身性能进行选择，选出优秀的公鸡为复鉴合格公鸡。

2 世代公、母鸡至年底按产蛋成绩进行初鉴定，也按它们的父系家系和母系家系的全同胞、半同胞成绩进行鉴定。

2世代优秀公、母鸡参与第三年配种计划，它们的后代就是3世代，鉴定方法同上。

第三年、第四年根据鉴定和复鉴定种公、母鸡编制优秀配种组合，鉴定出优秀的有一定特点的家系，持续封闭繁殖，继续选优去劣，即成为新品系。

二、育雏期饲养管理

（一）育雏期土杂鸡的生理特点

育雏期是土杂鸡比较特殊、难养的饲养阶段，了解和掌握雏鸡的生理特点，对于科学育雏至关重要。雏鸡与成年鸡相比有如下生理特点。

1. 体温调节能力差 雏鸡个体小，自身产热量少，绒毛短，保温性能差。刚出壳的雏鸡体温比成年鸡低2～3℃，直到10日龄时才接近成年鸡体温。体温调节能力到3周龄末才趋于完善。因此，育雏期要有加温设施，保证雏鸡正常生长发育所需的温度。

2. 代谢旺盛，生长迅速 雏鸡代谢旺盛，心跳和呼吸频率很快，需要鸡舍通风良好，保证新鲜空气的供应。雏鸡生长迅速，正常条件下2周龄、4周龄和6周龄体重分别为初生重的4倍、8.3倍和15倍。这就要求必须供给营养完善的配合饲料，创造有利的采食条件，如光线充足，喂食器具合理安置，适当增加喂食次数和采食时间。雏鸡易缺乏的营养素主要是维生素（如维生素B_1、维生素B_2、烟酸、叶酸等）和必需氨基酸（赖氨酸和蛋氨酸），长期缺乏会引起病症，要注意添加。

3. 消化能力弱 雏鸡消化道较成年鸡短小，消化功能有一个逐渐完善的过程。雏鸡饲喂要少吃多餐，增加饲喂次数。雏鸡饲粮中粗纤维含量不能超过5%，配方中应减少菜籽饼、棉籽饼、芝麻饼、麸皮等粗纤维高的原料，增加玉米、豆粕及鱼粉的用量。

4. 胆小易惊，抗病力差 雏鸡胆小，异常响动、陌生人进入鸡舍和光线突然改变等都会造成惊群。生产中应创造安静的育雏环境，饲养人员不能随意更换。雏鸡免疫系统功能低下，对各种传染病的易感性较强，饲养中要严格执行免疫接种程序和预防性投药，增加雏鸡的抗病力，以防患于未然。

5. 群居性强　雏鸡模仿性强，喜欢大群生活，一块儿进行采食、饮水、活动和休息。因此，雏鸡适合大群高密度饲养，有利于保温。但是雏鸡对啄斗也具有模仿性，密度不能太大，防止啄癖的发生。

6. 羽毛生长更新快　幼雏的羽毛生长特别快，在3周龄时羽毛为体重的4%，到4周龄时增加到7%，而从育雏到体成熟，羽毛要脱换4次，分别在4～5周龄、7～8周龄、12～13周龄，18～20周龄。因此，雏鸡对日粮中蛋白质（特别是含硫氨基酸）水平要求较高，并且在脱羽时应预防慢性呼吸道病。

（二）育雏期的环境要求

1. 温度　温度与雏鸡体温调节、运动、采食和饲料的消化吸收等有密切关系。土杂鸡体型较小，具有一定的野性，善飞易受惊，温度低很容易引起挤堆死亡。1周龄以内育雏温度应掌握在34～36℃，以后每周下降2～3℃，6周龄降至18～20℃。

因同一空间内不同高度的温度有差异，温度计水银球以悬挂在雏鸡背部的高度为宜。温度计的读数只是一个参考值，实际生产中要看雏鸡的采食、饮水行为是否正常来确定温度。雏鸡伸腿，伸翅，奔跑，跳跃，打斗，卧地舒展全身休息，呼吸均匀，羽毛丰满、干净有光泽，都证明温度适宜；雏鸡挤堆，发出轻声鸣叫，呆立不动，缩头，采食、饮水较少，羽毛湿，站立不稳，说明温度偏低；如果雏鸡的羽毛被水淋湿，有条件的应立即送回出雏器，以36℃温度烘干，可减少死亡。温度过低会引起瘫痪或神经症状。雏鸡伸翅，张口呼吸，饮水量增加，寻找低温处休息，往笼边缘跑，说明温度偏高，应立即进行通风降温。降温时注意温度下降幅度不宜太大。如果雏鸡往一侧拥挤说明有贼风袭击，应立即检查风口处的挡风板是否错位，检查门窗是否未关闭或被风刮开，并采取相应措施保持舍内温度均衡。育雏温度对1～30日龄雏鸡至关重要，温度偏低会引起雏鸡死亡，死亡率最高可达50%～80%。防止温度偏低固然很重要，但是也应注意防止温度偏高。控制好温度是育雏成败的首要条件。

2. 湿度　雏鸡从高湿度的出雏器转到育雏舍，湿度要求有一个过渡期。第一周要求湿度为70%～75%，第二周为65%～70%，以后保持在60%～65%即可。育雏前期高湿度有助于剩余卵黄的吸收，维持正常的羽毛生长和脱换。

干燥的环境中尘埃飞扬，可诱发呼吸道疾病。由于环境干燥易造成雏鸡脱水，饮水量增加而引起消化不良。生产中，应考虑育雏前期的增湿和后期的防潮措施。

3. 通风 通风的目的是排出舍内污浊的空气，换进新鲜空气，也可有效降低舍内湿度。自然通风主要靠开闭窗户来完成，机械通风要利用风机来完成。生产中，要特别注意冬季舍内的通风换气。

4. 光照 育雏期前3天，采用24小时连续光照制度，光线强度为50勒克斯（相当于每平方米15～20瓦白炽灯光线），便于雏鸡熟悉环境，找到采食、饮水位置，也有利于保温。4～7日龄，每天光照20小时；8～14日龄，每天光照16小时。以后采用自然光照，光线强度也要逐渐减弱。研究发现，红光、绿光均能有效地防止啄癖发生，但采用弱光更为简便有效。

5. 饲养密度 饲养密度的单位常用每平方米饲养雏鸡数来表示。在合理的饲养密度下，雏鸡采食正常，生长均匀一致。密度过大，生长发育不整齐，易发生啄癖，死亡率较高。雏鸡饲养密度与育雏方式有关（表4-1）。

表4-1 不同周龄和育雏方式的雏鸡饲养密度 （单位：只/米^2）

周 龄	平面育雏	立体笼养
0～2	30	60
3～4	25	40
5～6	15	30

（三） 育雏方式

1. 厚垫料地面散养 在育雏室地面铺设5～10厘米厚的垫料，整个育雏期雏鸡都生活在垫料上，育雏期结束后更换垫料。优点是平时不清除粪便，不更换垫料，省工省时；冬季可以利用垫料发酵产热而提高舍温；雏鸡在垫料上活动量增加，啄癖发生率降低。缺点是雏鸡与粪便直接接触，球虫病发病率提高，其他传染病易流行。垫料地面散养的供温设施主要为育雏伞、烟道和热风炉等，也可结合火炉供温。地面散养的关键在于垫料的管理，垫料应选择吸水性良好的原料，如木屑、稻壳、玉米壳、秸秆和泥炭等。平时要防止因饮水器漏水、洒水而造成垫料潮湿、发霉。

2. 网上平养 网上平养适于温暖而潮湿的地区采用，采食、饮水均在网上完成。在舍内高出地面60～70厘米的地方装置金属网或塑料网，也可用木板条或竹条做成栅状高床代替。注意舍内要留有走道，便于饲养人员操作。网上平养的供温设施有火炉、育雏伞、红外线灯和热风炉等。网上平养是土杂鸡较理想的育雏方式。粪便落于网下，不与雏鸡接触，减少疾病发生率，成活率高。育雏网孔径为 20 毫米 ×80 毫米，育雏前期在网面上加铺 1 层方孔塑料网片，防止雏鸡落入网下。

3. 笼养　适合规模饲养户采用。育雏笼为叠层式，一般有 4 ～ 5 层，每层高度 33 厘米。两层笼间设置承粪板，间隙 5 ～ 7 厘米。笼养投资较大，但是饲养密度增大，便于管理，育雏效率高。笼养有专用电热育雏笼，也可以用热风炉、火炉供温。

（四）育雏前的准备工作

1. 制订育雏计划　种用土杂鸡育雏一般选择在春季（3 ～ 5 月）进行。这时气候干燥、气温回升、阳光充足，雏鸡生长发育良好。在中雏阶段，气温适宜，可增加舍外活动时间。春雏性成熟早，利用时间长。随着土杂鸡市场需求的不断变化及养殖技术的提高，种用土杂鸡养殖的季节性逐渐不那么明显了。育雏数量要根据房舍地面而定，考虑育雏、育成成活率，雏鸡要多养 20% 左右。品种选择要根据市场需要来定，满足消费者对土杂鸡外观的选择要求，如鸡冠大小、羽毛颜色和斑纹、皮肤颜色、胫粗细和色泽，上市体重和外观性状协调一致。

2. 育雏室的维修、清洗和消毒　每批雏鸡转出后，首先拆除所有设备，清除舍内的灰尘、粪渣、羽毛与垫料等杂物。然后用高压水龙头或清洗机冲洗。冲洗的先后顺序是：舍顶—墙壁—地面—下水道。清扫干净后，对排风口、门窗进行维修，以防止老鼠及其他动物进入鸡舍带入传染病，并和舍内设备、用具一起消毒。墙壁和地面可以用 2% 的火碱液刷洗消毒，也可以用火焰消毒法杀死原虫和其他寄生虫。育雏笼的清洗和维修是必不可少的工作内容。首先将笼网上面的灰尘、粪渣及羽毛等清理干净，然后用水和刷子冲刷干净。承粪板清洗干净后要浸泡消毒。垫布也应清洗、浸泡、暴晒消毒后备用。最后维修损坏的或不合格的笼网。此外，还要清洗消毒料盘、料桶、料槽、饮水器、水槽及其他饲养用具。最后在舍内放入垫料或平网、笼具，放置饮水和采食设备。接雏前 1 周对鸡舍设备进行熏蒸消毒，每立方米空间用福尔马林 42 毫升，高锰酸钾 21 克，放入陶瓷盆中，密闭熏蒸鸡舍 48 小时。

检查高压电路、通风系统和供温系统。打开电灯、电热装置和风机等，检查运转是否良好，如果发现异常情况则应认真检查维修，防止雏鸡进舍后发生意外。认真检查供电线路的接头，防止接头漏电和电线缠绕交叉发生短路而引起火灾。

检查进风口处的挡风板和排风口处的百叶窗帘，清理灰尘和绒毛等杂物，保证通风设施的正常运转。

3. 育雏用品的准备

（1）饲料　准备雏鸡用全价配合饲料，土杂鸡 0 ～ 6 周龄累计饲料消耗为每只 900 克左右。自己配合饲料要注意原料无污染、不霉变。饲料形状以颗粒破碎料（鸡花料）最好。

（2）药品及添加剂　药品准备常用消毒药（百毒杀、威力碘等）、抗菌药物（预防白痢、霍乱等）和抗球虫药。添加剂有速溶多维、电解多维、口服补液盐、维生素 C 和葡萄糖等。

（3）疫苗　主要有新城疫疫苗、传染性法氏囊病疫苗、传染性支气管炎疫苗和鸡痘苗等。

（4）其他用品　包括各种记录表格、温度计、连续注射器、滴管、刺种针、台秤和喷雾器等。

4. 育雏舍的试温和预热　育雏前准备工作的关键之一就是试温。检查维修火道后，点燃火道或火炉升温 2 天，使舍内的最高温度升至 39℃。升温过程中要检查火道是否漏气。试温时温度计放置的位置：①育雏笼育雏应放在最上层和第三层之间。②平面育雏应放置在距雏鸡背部相平的位置。③带保温箱的育雏笼在保温箱内和运动场上都应放置温度计测试。预热是指育雏舍进雏前 2 天开始点火升温，提高舍内温度，检查加温效果。测定各点温度，雏鸡活动区域的温度在 33℃左右，其他地方的温度在 25℃左右。

（五）雏鸡的选择

选择健康的雏鸡是育雏成功的基础。由于种用土杂鸡的健康、营养和遗传等先天因素的影响，以及孵化、长途运输与出壳时间等后天因素的影响，初生雏中常出现弱雏、畸形雏和残雏等，对此需要淘汰。因此，选择健康雏鸡是育雏成功的首要工作。雏鸡选择应从以下几个方面进行。

1. 外观活力　健雏表现活泼好动，无畸形和伤残，反应灵敏，叫声响亮，眼睛圆睁，站立者均为健雏。而伏地不动，没有反应，腹部过大过小，脐部有血痂或有血线者则为弱雏。

2. 绒毛　健雏绒毛丰满、有光泽、干净无污染。绒毛有黏着的则为弱雏。

3. 手握感觉　健雏手握时，绒毛松软饱满，有挣扎力，触摸腹部大小适中、柔软有弹性。

4. 卵黄吸收和脐部愈合情况　健雏卵黄吸收良好，腹部不大、柔软，脐部愈合良好、干燥，上有绒毛覆盖。而弱雏表现脐孔大，有脐疔，卵黄囊外露，无绒毛覆盖。

5. 体重　土杂鸡出壳重应在30克以上，同一品种大小均匀一致。

（六）雏鸡的运输

1. 运输方式　雏鸡的运输方式依季节和路程远近而定。汽车运输时间安排比较自由，又可直接送达养鸡场，中途不必倒车，是最方便的运输方式。火车、飞机也是常用的运输方式，适合于长距离运输和夏、冬季运输，安全快速，但不能直接到达目的地。

2. 携带证件　雏鸡运输的押运人员应携带检疫证、身份证、合格证和畜禽生产经营许可证以及有关的行车手续。

3. 运输要点　雏鸡的运输应防寒、防热、防闷、防压、防雨淋和防震动。运输雏鸡的人员在出发前应准备好食品和饮用水，中途不能停留。远距离运输应有两个司机轮换开车。押运雏鸡的技术人员在汽车启动30分钟后，应检查车厢中心位置的雏鸡活动状态。如果雏鸡精神状态良好，每隔1～2个小时检查1次。检查间隔时间的长短应视实际情况而定。

（七）育雏舍的卫生与维护

育雏舍内的卫生状况是影响雏鸡群健康和生产性能的重要因素，具体做到：①每天要刷洗饮水器具，定期清理喂料器具，打扫舍内卫生。②饮水器具、料桶、料盘和工作服等应定期浸泡消毒。③育雏期每天定时通风换气。④定期清理粪盘和地面的鸡粪。鸡群发病时每天必须清除鸡粪。清理鸡粪后要冲刷粪盘和地面。冲刷后的粪盘应浸泡消毒30分钟，冲刷后的地面用2%火碱水溶液喷洒消毒。⑤定期更换入口处的消毒药和洗手盆中的消毒药，对雏鸡舍屋顶、外墙壁和周围环境也要定期消毒。

进雏时应将舍内的灯（60瓦）全部打开，将雏鸡均匀地分布在每个保温器或雏鸡笼内；认真巡视鸡舍，观察每只雏鸡的精神状况，确定喂水、喂料时间。如果是多层笼养，先放置在最上边两层，下边1层或2层暂时空着。随着日龄的增加，减少饲养密度时再分散到下边1层或2层内。

（八）雏鸡的初饮和开食

初生雏鸡接入育雏室后，第一次饮水称为初饮。雏鸡在高温的育雏条件下，很容易造成脱水。因此，初饮应尽快进行。初饮最好用温开水，为了刺激饮欲，可在水中加入葡萄糖或蔗糖（浓度为7%～8%）。对于长途运输的雏鸡，在饮水中要加入口服补液盐，有助于调节体液平衡。在饮水中加入速溶多维、电解多维和维生素C，可以减轻应激反应，提高成活率。初饮时，对于无饮水行为的雏鸡，可将其喙浸入饮水器内诱导饮水。

雏鸡第一次喂食称为开食。开食时间一般掌握在出壳后24～36小时，初饮后2～3小时。开食不是越早越好，过早开食胃肠软弱，有损于消化器官；开食过晚有损体力，影响正常生长发育。当有60%～70%雏鸡随意走动，有啄食行为时应进行开食。另外，开食最好安排在白天进行，效果较好。

雏鸡采食有模仿性，一旦有几只学会采食，很短时间内全群都学会采食。开食在一平面上进行，用专用开食盘或将饲料撒在纸张、蛋托上。3天以后，改用料盘或料槽。开食料最好用全价饲料，或者用玉米粉拌鸡蛋黄（1千克玉米粉拌2个熟鸡蛋黄），保证营养全面。

为了促进采食和饮水，育雏前3天，全天光照。这样有利于雏鸡对环境的适应，容易找到采食和饮水的位置。

（九）雏鸡的断喙

种用土杂鸡饲养期长，在密集饲养条件下很容易发生啄癖（啄羽、啄肛、啄趾等），尤其是育成期和产蛋期，啄斗会造成鸡只的伤亡。另外，鸡在采食时，常常用喙将饲料勾出食槽，造成饲料浪费。而断喙是解决上述问题的有效途径，效果明显。但现代商业化品种或配套系经过高强度选育，加上饲料营养更加全面，饲养管理水平提高，笼养状态下，土杂鸡种鸡可以不断喙。商品土杂鸡放养条件下，亦无须断喙。

1. 时间 断喙时间一般在7～21日龄期间进行。断喙太早，雏鸡太小，喙太软，易再生，而且不易操作，对雏鸡的损伤大。断喙太晚，出血较多，不利于止血。

2. 方法　断喙常用专门的断喙器来完成，刀片温度在 800℃左右（刀片颜色呈暗红色）。断喙长度：上喙切去 1/2（喙端至鼻孔），下喙切去 1/3。断喙后下喙略长于上喙。

断喙操作要点：单手握雏，拇指压住鸡头顶，食指放在咽下并稍微用力，使雏鸡缩舌防止断掉舌尖。将头向下，后躯上抬，上喙断掉较下喙多。在切掉喙尖后，在刀片上灼烫 1.5 ～ 2 秒，有利于止血。

3. 注意事项　断喙过程中应注意：①断喙器刀片应有足够的热度，切除部位掌握准确，确保一次完成。②断喙前后 2 天应在雏鸡饲粮或饮水中添加维生素 K 和复合多维，有利于止血和减轻应激反应。③断喙后立即供饮清水，1 周内饲槽内饲料应有足够深度，避免采食时啄痛创面。④鸡群在非正常情况下（如疫苗接种、患病）不进行断喙。⑤断喙后应注意观察鸡群，发现个别喙部出血的雏鸡，要及时灼烫止血。

（十）雏鸡的日常管理

1. 环境控制　温度、湿度、通风、光照和饲养密度等环境条件是成功育雏的基本条件。合理的育雏条件见前述。

2. 合理饲喂　雏鸡胃肠容积小，消化能力弱，日常饲喂要做到少给勤添，满足需求。15 日龄前每 3 小时饲喂 1 次，以后每 4 小时饲喂 1 次。开食在浅盘或硬纸上进行。3 日龄换用小型料槽或料桶。

3. 分群　在集约化、高密度饲养条件下，尽管饲养管理条件完全一样，难免会造成个体间生长发育的不平衡。适时进行强弱分群，可以保证雏鸡均匀发育，提高鸡群成活率。在育雏过程中，要及时将发育迟缓、体质软弱的雏鸡挑出来。对于这部分雏鸡更要加强饲养，饲养在光线充足、温度适宜的环境中，同时供给优质全价饲料，使其很快得到恢复。

4. 疾病预防　严格执行免疫接种程序，预防传染病的发生。每天早上要通过观察粪便了解雏鸡健康状况，主要看粪便的稀稠、形状及颜色等。对于一些肠道细菌性感染（如白痢、霍乱等）要定期进行药物预防。20 日龄前后，要预防球虫病的发生，尤其是地面垫料散养的鸡群。

5. 做好记录　记录内容有雏鸡死淘数、耗料量、温度、防疫情况、饲养管理措施和用药情况等，以便于对育雏效果进行总结和分析。

三、育成期饲养管理

（一）生长发育特点

育成期土杂鸡适应环境的能力大大增强。消化系统功能趋于完善，采食量增加，消化能力增强。这一时期生长发育迅速，体重增加较快，在饲喂过程中要适当控制体重，适当降低粗蛋白质水平。高含量的蛋白质会加速土杂鸡的发育，出现早熟、早产现象。

育成前期的生长重点为骨骼、肌肉、非生殖器官和内脏，表现为体重绝对增加较快，生长迅速。育成后期体重仍在持续增长，生殖器官（卵巢、输卵管）生长发育迅速，体内脂肪沉积能力较强，骨骼生长速度明显减慢。生殖器官的发育对饲养管理条件的变化反应很敏感，尤其是光照和营养浓度。因此，育成后期光照控制很关键，同时要限制饲养，防止体重超标。

育成鸡培育目标为：生长均匀一致，体重发育良好，体质健壮，适时达到性成熟开产。关键是协调好体成熟和性成熟的关系，为产蛋期做好准备。

（二）饲养方式

1. 笼养 用蛋鸡育成笼饲养育成期的土杂鸡。笼养的优点是：相同房舍饲养数量多；饲养管理方便；鸡体与粪便隔离，有利于疫病预防；免疫接种时抓鸡方便，不易惊群。但笼养投资相对较大。适合于大规模、集约化土杂鸡饲养。

2. 网上平养 在离地面60～80厘米高度设置平网，将育成期土杂鸡养于其上。网上平养鸡体与粪便彻底隔离，育成率提高。平网所用材料有钢丝网、木板条和竹板条等，各地尽量选择当地的材料，以降低成本。网上平养适合中等规模的土杂鸡饲养户采用，在舍内设网时要注意留有走道，便于饲喂和管理操作。

3. 地面垫料平养 在舍内地面铺设厚垫料，将育成期土杂鸡养于其上。这种方式投资较小，且增加了鸡的运动量，适合小规模的土杂鸡饲养户采用。缺点是鸡体与粪便直接接触，易患病，特别是增加了球虫病的发病率，生产中一定要进行药物预防。地面垫料平养成败的关键是对垫料的管理。在选择垫料时，要求柔软干燥、吸水性好。日常管理要防止垫料结块，饮水器不能漏水，还要经常翻动垫料，潮湿结块的垫料要及时更换。

4. 放牧饲养 土杂鸡在放牧的过程中，不仅可以吃到大量青绿饲料、昆虫和草籽等营养物质，满足部分营养需要，节约饲料，而且能够加强运动，增强体质。土杂鸡放牧可选择果园、林地、草场、山坡及农茬地等一切可以利用的地方。天气晴朗时，可延长放牧时间。放牧场地要经常更换，减少疾病的传播。

（三）饲养管理

1. 限制饲喂 限制饲喂的目的是控制体重，防止过肥而影响产蛋。育成期的饲料营养浓度较育雏期和产蛋期都低，应适当加大麸皮、米糠的比例。平养时可供给一定量的青绿饲料，占配合饲料用量的25%左右。育成鸡每天要减少喂料次数：平养时，上午一次性将全天的饲料量投入料桶或料槽内；笼养时，上午、下午分两次投料；放牧饲养时，每天傍晚入舍前适当补饲精料。育成鸡每天喂料量多少要根据鸡体重发育情况而定，每周称重1次（抽样比例为10%或随机抽样，不少于100只），计算平均体重，与标准体重对比，确定下周的饲喂量。

2. 光照控制 光照通过对生殖激素的控制而影响土杂鸡的性腺发育。育成期的生长重点应放在体重的增加和骨骼、内脏的均衡发育，这时如果生殖系统过早发育，会影响其他组织系统的发育，出现提前开产，产后种蛋较小，全年产蛋量减少。因此，育成期特别是育成中后期（7周龄至开产）的光照原则是，光照时间不可以延长，光照强度不可以增加。

育成期光照一般以自然光照为主，适当进行人工补充光照。每年5月4日至8月25日期间出壳的雏鸡，育成中后期自然光照，18周龄以后每周增加0.5～1小时至16小时恒定；而每年8月26日至翌年5月3日出壳的雏鸡，育成中后期恒定此期间最长光照，18周龄以后每周增加0.5～1小时至16小时恒定。

3. 分群饲养 公、母土杂鸡的生长发育规律不同，采食量不同。如果公母混养，生长均匀度不好控制，育成后期出现早配现象。公母分群应尽早进行，一般在育雏结束时结合转群分开饲养于不同栏舍。如果在出壳时经翻肛鉴别，育雏期公母分开饲养，效果更好。

4. 环境条件的控制 育成期舍内温度应保持在15～30℃，相对湿度为

55%～60%，注意通风换气，排出氨气、硫化氢及二氧化碳等有害气体，保证新鲜氧气的供应。同时，要做好育成鸡舍的卫生和消毒工作，如及时清粪、清洗消毒料槽（盘）和饮水器、带鸡消毒等。另外，还要注意保持环境安静，避免惊群。

5. 补充断喙 在7～12周龄期间对第一次断喙效果不佳的个体进行补充断喙。用断喙器进行操作，要注意断喙长度合适，避免引起出血。

6. 疫苗接种和驱虫 育成期预防的传染病主要有新城疫、鸡痘和传染性支气管炎等。驱虫是驱除体内线虫、绦虫等。驱虫要定期进行，在转入产蛋鸡舍前还要驱虫1次。驱虫药有左旋咪唑、阿苯达唑等。

（四）均匀度的控制

均匀度是指群体内体重在平均体重10%范围内的个体所占的比例，一般要求在80%以上。均匀度控制是育成期土杂鸡的关键管理技术。较高的均匀度才能保证鸡群开产的一致性和持续稳定的高产蛋率。为了获得较高的均匀度，生产中要做好以下几方面工作：

1. 保持合理的饲养密度 育成期土杂鸡要及时调整饲养密度，高的饲养密度是造成个体间大小差异的重要原因。育成期的饲养密度参见表4-2。

表4-2 育成期土杂鸡饲养密度 （单位：只/米^2）

周 龄	垫料地面	网上平养	笼 养
7～12	8～10	10～11	27～31
13～18	7～8	8～9	21～23

2. 保证均匀采食 饲料是土杂鸡生长发育的基础，只有保证所有土杂鸡均匀采食，才能达到均匀度高的育成目标。在育成阶段一般都是采用限制饲喂的方法，这就要求有足够的采食位置，而且投料时速度要快。这样才能使全群同时吃到饲料，平养时更应如此。

3. 做好分群管理 分群就是按公母、大小、强弱等差异将大群鸡分成相同类型的小群，在饲喂时采取不同的方法，以使全部鸡都能均匀生长。分群要结合称重定期进行，一般是将个体较大的强壮个体从全群中挑选出来，置于另外的饲养环境，然后限制其采食，使体重恢复正常。对于体型较小的弱鸡，要养于环境较好的地方，加强营养，赶上正常体重。

（五）选种与淘汰

种用土杂鸡的选种与淘汰是一项非常重要的工作。只有进行合理的选择，才能提高整个种鸡群的种用价值，提高合格种蛋的数量，提高商品土杂鸡的质量和档次，从而提高饲养效益。

1. 集中挑选　集中挑选一般结合转群同时进行。第一次在 6 ～ 7 周龄由育雏舍转到育成舍时进行，重点是对畸形、发育不良和病鸡进行淘汰。畸形包括喙部交叉、单眼、跛脚和体型不正等。发育不良的表现有眼、冠、皮肤苍白，特别消瘦等。第二次选择在 12 ～ 13 周龄时进行，主要是对公鸡的淘汰。由于公鸡留种数量小，要加大选择强度，选择发育良好、冠大鲜红、体重大的个体。体重是选择重点。第三次选择在 18 周龄转入产蛋鸡舍前进行，主要是对母鸡的选择，观察母鸡的全身发育状况，要逐只进行，淘汰发育不良的个体。

2. 分散淘汰　为了节约饲料，降低生产成本，在整个育成期各个阶段，每周要集中 1 天把畸形、发育不良的个体从鸡群中挑出，以保证种群质量。分散淘汰对大型饲养场至关重要。

（六）转群

土杂鸡普遍采用三段制饲养方式。它在一生中要进行 2 次转群：第一次转群在 6 ～ 7 周龄时进行，由育雏舍转入育成舍；第二次转群在 18 ～ 19 周龄时进行，由育成舍转入产蛋舍。经过转群后，土杂鸡进入一个洁净、无污染的新环境，对于预防传染病的发生具有重要意义。

1. 准备工作　转群前应对鸡舍进行彻底的清扫消毒，准备转群所需的笼具等饲养设备，还要准备转群所需的抓鸡、装鸡、运鸡用具，并经严格消毒处理。做好人员的安排，使转群在短时间内顺利完成。

2. 时间　为了减少对鸡群的惊扰，转群要求在光线较暗的时候进行。天亮前，天空具有微光，这时转群，鸡较安静，而且便于操作。夜里转群，舍内应有小功率灯泡照明，抓鸡时能看清部位。

3. 注意事项　①减少鸡只伤残。抓鸡时应抓鸡的双腿或双翅，不要只抓单腿或鸡脖。每次抓鸡不宜过多。每只手 1 ～ 2 只。从笼中抓出或放入笼中时，动作要轻，最好两人配合，防止抓伤鸡皮肤。装笼运输时，不能过分拥挤。

②笼养育成鸡转入产蛋舍时，应注意来自同层的鸡最好转入相同的层次，避免造成大的应激。③转群时将发育良好、中等和迟缓的鸡分栏或分笼饲养。对发育迟缓的鸡应放置在环境条件较好的位置（如上层笼），加强饲养管理，促进其发育。④结合转群可将部分发育不良、畸形个体予以淘汰，以降低饲养成本。⑤转群前在饲料或饮水中加入镇静剂，可使鸡群安静。另外，结合转群可进行疫苗接种，以减少应激次数。

四、产蛋期饲养管理

（一）产蛋规律

土杂鸡开产后产蛋率和蛋重的变化具有一定的规律性，饲养管理中应注意观察这一规律性，采取相应措施，提高合格种蛋的数量。

1. 始产期 在农村少量散养时，由于营养水平偏低，土杂鸡的开产日龄较晚，而且各群差别明显。在规模饲养下，配合饲料和人工光照的应用，土杂鸡一般在 20 ～ 21 周龄即可达到 5% 的产蛋率，到 26 周龄时产蛋率可达到 50%。将 20 ～ 26 周龄、产蛋率为 5% ～ 50% 的这一时期称为始产期。始产期内产蛋规律不强，各种畸形蛋比例较大、蛋体较小，受精率和孵化率均偏低，一般不适合进行孵化。

2. 主产期 从 26 周龄开始，产蛋率稳步上升，在 31 ～ 32 周龄时，产蛋率可达到 85% 左右，维持 80% 以上产蛋率 2 ～ 3 个月后，产蛋率缓慢下降；在 55 周龄时，下降到 60% 左右。把 26 ～ 55 周龄这一阶段称为主产期。主产期内种蛋大小适中，受精率和孵化率较高，雏鸡容易成活。

3. 终产期 55 周龄以后，随着产蛋率的下降，蛋重逐渐加大，到 68 周龄时，产蛋率下降到 45% ～ 50%。这样一个产蛋年结束。这时种鸡可以淘汰或再利用 1 年。一般土杂鸡第二个产蛋年的产蛋率为第一年的 80% 左右。

（二）饲养方式

1. 地面平养 这种饲养方式一般采用开放式鸡舍结构，分舍内垫料地面和舍外运动场两部分。其中，运动场面积是舍内地面的 1 ～ 1.5 倍。公母混群饲养，自然交配。公母配比为 1∶10～15，舍内饲养密度 5 只 / 米 ^{2}。运动场设沙浴池，放置食槽、饮水器，四周设围网。舍内四周按每 5 只鸡设一产蛋箱，还要设置栖架供夜间休息，避免在地面上过夜而受到老鼠的侵袭。另外，舍内也应设置食槽（料桶）和饮水器。地面平养适合土杂鸡的生活习性，可适当补充青绿饲料，种蛋受精率可达 90% 以上，可省去人工授精的麻烦。农村小规模饲养可采用这种方法。

2. 立体笼养　公、母鸡均置于笼中饲养，采用人工授精方法进行繁殖。立体笼养采用蛋鸡笼即可。立体笼养的优点是，饲养密度大，便于观察鸡群的健康状况和产蛋情况，能及时淘汰病鸡和低产鸡，适合大规模鸡场和饲养户采用。另外，立体笼养时，种蛋收集方便，不易破损和受到粪便、垫料污染。立体笼养要注意饲料的全价性，特别是维生素和矿物质的供给。

（三）产蛋前期饲养管理

1. 适时转群　根据青年土杂鸡的体重发育情况，在 18～19 周龄，由育成舍转入产蛋舍。转群前，要对种鸡舍进行彻底的清扫消毒，准备好饲养、产蛋设备。地面平养种鸡，舍内铺好垫料，准备好产蛋箱，运动场设置沙浴池、栖架；笼养种鸡，母鸡 3 层阶梯式，公鸡 2 层阶梯式，公鸡笼安放在母鸡舍的一头。结合转群进行开产前最后一次疫苗接种，新城疫 I 系疫苗 2 倍量肌内注射，同时肌内注射新城疫 - 传染性支气管炎 - 产蛋下降综合征三联疫苗。

2. 更换饲料　转入产蛋舍后，当产蛋率达到 5% 时，要及时更换产蛋初期饲料，提高饲料的营养浓度（粗蛋白质含量要求为 16.5%），增加饲料中钙的含量，达到 3%～3.5%。这样，既可以满足产蛋的需求，同时又能满足体重增加的营养需要。种公鸡采食专用的饲料，应与母鸡分饲。平养时，应将公鸡料桶吊起，不能让母鸡采食到；母鸡料盘应加防公鸡采食的栅条。

3. 增加光照　种用土杂鸡一般从 19 周龄开始增加光照刺激，通过增加人工光照时间的方法来刺激鸡迅速开产，而且开产比较整齐一致，产蛋率上升较快。在 19 周龄、体重达到标准时，每周增加光照时间 30～40 分钟，一直增加到每天光照 16 小时的水平。转群时，如果鸡群的体重偏轻、发育较差，要推迟增加光照刺激的时间，加强饲喂，让鸡自由采食。体重达到标准后，再增加光照刺激。

4. 监测体重增长　种鸡开产后体重的变化要符合要求，否则，全期的产蛋会受到影响。在产蛋率达到 5% 以后，至少每 2 周称重 1 次，体重过重或过轻都要设法弥补。

5. 种蛋的利用 开产后要及时称量蛋重，笼养时要进行人工授精，并检查种蛋受精情况。一般当产蛋率达到 50% 时，种蛋就可以进行孵化利用。平养情况下刚开产时，还要训练母鸡在产蛋箱中产蛋，减少窝外蛋，避免种蛋破损或受到污染。

（四）产蛋高峰期饲养管理

1. 维持相对稳定的饲养环境 种鸡最适宜的产蛋温度为 13 ～ 18.3℃。低于 9℃或高于 29℃，会引起产蛋率的明显下降，而且种公鸡的精液品质也会受到影响，致使受精率和孵化率下降。鸡舍的相对湿度应控制在 65% 左右，主要是防止舍内潮湿。种鸡舍要注意做好通风换气工作，保证氧气的供应，排出有害气体。产蛋期光照要维持 16 个小时的恒定光照，不能随意增减光照时间，尤其是要减少光照强度，每天要定时开灯、关灯。种鸡饲养密度不能过大，要低于商品蛋鸡的饲养密度，一般单笼饲养 2 ～ 3 只，种公鸡每笼饲养 1 只，笼内要有一定的活动空间。

2. 更换饲料 当产蛋率上升到 50% 以后，要更换产蛋高峰饲料，要求粗蛋白质含量达到 18.5%。为了提高种蛋的受精率和孵化率，选择优质的饲料原料，如鱼粉、豆粕，减少菜籽粕、棉籽粕等杂粕的用量，种鸡尽量不用棉籽粕，因为棉酚严重影响受精率。另外，要增加多种维生素添加量。

3. 减少应激 进入产蛋高峰期的土杂鸡，一旦受到外界的不良刺激（如异常的响动、饲养人员的更换、饲料的突然改变、断水断料、停电、疫苗接种），就会出现惊群，发生应激反应。后果是由于采食量下降，使产蛋率、受精率和孵化率都同时下降。在日常管理中，要坚持固定的工作程序，各种操作动作要轻，产蛋高峰期要尽量减少进出鸡舍的次数。开产前要做好疫苗接种和驱虫工作，高峰期不能进行这些工作。

4. 适当淘汰 为了提高饲养土杂鸡的效益，进入产蛋期以后，根据生产情况适当淘汰低产鸡是一项很有意义的工作。50% 产蛋率时，进行第一次淘汰；进入高峰期后 1 个月进行第二次淘汰；产蛋后期每周淘汰 1 次。淘汰土杂鸡的方法主要是根据外貌特征，鉴别高产鸡与低产鸡。笼养鸡淘汰后，剩下的鸡不要并笼饲养，以免发生啄斗。高产鸡的表现：反应灵敏，两眼有神，鸡冠红润，羽毛丰满紧凑，换羽晚，腹部柔软有弹性、容积大，肛门松弛、湿润、易翻开，耻骨间距 3 指以上，胸骨末端与耻骨间距 4 指以上。低产鸡的表现：反应迟钝，两眼无神，鸡冠萎缩、苍白，羽毛松弛，换羽早，腹部弹性小、容积小，肛门收缩紧、干燥、不易翻开，耻骨间距 2 ～ 3 指以下，胸骨末端与耻骨间距 3 指以下。另外，对于有病的个体也要及时挑出。

5. 种蛋收集　笼养时种蛋收集比较方便，而且破损率和脏蛋率较低，一般每天收集 2 ～ 3 次，炎热的夏季每天收集 4 次。地面平养时，刚开产的蛋鸡要训练其在产蛋箱产蛋，每 4 ～ 5 只母鸡配备 1 个产蛋箱，以减少窝外蛋的比例。产蛋箱中要定期添加柔软的垫料，减少种蛋的破损。每天下午最后一次收集完种蛋，要关闭产蛋箱，防止母鸡在产蛋箱中过夜。母鸡在产蛋箱中过夜，会因排泄粪尿造成垫料的污染。如果时间长，还会引发母鸡就巢，影响产蛋率。

（五）产蛋后期饲养管理

1. 更换饲料　随着土杂鸡日龄的增加，鸡群中换羽停产的鸡逐渐增多，产蛋率出现明显的下降。一般到 55 周龄时，土杂鸡的产蛋率下降到 60%，进入产蛋后期。这时摄入的营养一部分转变为体脂。为了避免饲料浪费，要更换产蛋后期饲料，使粗蛋白质水平下降到 16.5%，钙的含量升高到 3.7% ～ 4%，磷的含量可适当降低，以维持蛋壳品质。

2. 淘汰低产鸡　应及时挑出低产鸡淘汰。

3. 加强消毒　到了产蛋后期，若饲养员疏于管理，鸡群很容易出现问题。经过长时间的饲养后，鸡舍的有害微生物数量大大增加。所以，更要做好粪便清理和日常消毒工作。

（六）散养土杂鸡的管理

散养土杂鸡目前在农村较为普遍，与舍饲不同，受气候条件的影响较大。生产中要根据各个季节的特点，合理安排饲喂，加强饲养管理。

1. 春季　随着气温的升高，光照时间的逐渐延长，外界食物来源的增加，土杂鸡的新陈代谢旺盛。春季是土杂鸡产蛋的旺季，是理想的繁殖季节。在繁殖前，做好疫苗接种和驱虫工作，保证优质饲料的供应，满足青绿饲料的需求，提高合格种蛋的数量。淘汰就巢性强的种鸡，一般要采取一些简单的醒抱措施，如把鸡置于笼中，或增加光照和营养。做好种蛋的收集和记录工作。

2. 夏季 气候炎热，鸡食欲下降。夏季的工作重点是防暑降温，维持土杂鸡的食欲和产蛋。在运动场设置凉棚，鸡舍四周植树，喷水降温。增加精料的喂量，满足产蛋要求。利用早晚气温较低的时段，增加饲喂量。每天早上天一亮就放鸡，傍晚延长采食时间，保证清洁饮水和优质青绿饲料供应。消灭蚊虫、苍蝇，减少传染病的发生。

3. 秋季 秋季是老鸡停产换羽、新鸡开产的季节，管理好坏对以后的产蛋性能影响较大。对于老鸡来说，要使其快速度过换羽期，早日进入下一个产蛋期。应该迅速减少光照和营养，进行强制换羽；然后再逐渐延长光照，增加营养，促使产蛋。对于当年的新母鸡，秋季开始产蛋，根据外貌和生产性能进行选留。秋季气候多变，一些地区多雨、潮湿、寒冷，鸡群易发生传染病，要注意舍内垫料的卫生和干燥。

4. 冬季 冬季气候寒冷，青绿饲料短缺，日照时间较短，散养土杂鸡的产蛋量会降低。因此，冬季饲养土杂鸡的重点是防寒保暖、保证光照和营养，尽量提高产蛋率。进入冬季要封闭迎风面的窗户，在背风面设置门、窗。晚上土杂鸡入舍后关闭门窗，加上棉窗帘和门帘。气候寒冷的东北、西北和华北北部地区，舍内要有加温设施，一般用火墙、火道。炉灶应设在舍外，可有效防止一氧化碳中毒。早上打开鸡舍时，要先开窗户后开门，让鸡有一个适应寒冷的过程，然后在运动场喂食。生产中发现，冬季喂热食和饮温水可以提高产蛋率。冬季青绿饲料缺乏，可以贮存适量胡萝卜、大白菜来饲喂土杂鸡。

五、人工授精

鸡的人工授精技术研究始于20世纪30年代，无论是鲜精液输精、冷冻精液输精、原精液输精还是稀释后的精液输精都取得了良好的受精率和孵化率。我国人工授精技术自1952年以来发展迅速，现在已普及到了广大农村，几乎所有饲养地方鸡的农民都会人工授精技术。

（一）人工授精的优点

1. 减少种公鸡的饲养数量，降低饲养成本 自然交配条件下土杂鸡的公母比例为1∶10～15；而人工授精条件下，公母比例一般为1∶30～50。

2. 操作简便 人工授精在笼养条件下操作简便，因此，也推动了种鸡笼养技术的发展，使种鸡的饲养成本下降。

3. 生产效率高 人工授精技术可以克服体重差异较大、土杂鸡品种间自然交配困难的难题，提高了受精率。人工授精技术已在优质肉鸡育种实践中得到了广泛应用。

4. 特殊情况下的应用 对腿部受伤或其他外伤致残的优秀种公鸡，自然交配无法进行，人工授精可充分发挥其优势。

（二）人工授精条件下种鸡的饲养管理

人工授精条件下种公鸡和种母鸡都应该笼养。如果育成期不采用笼养，也应该将公、母分群饲养。进入繁殖后期，种公鸡应单笼饲养在种公鸡舍，用种公鸡料饲喂；而种母鸡则饲养在种母鸡舍内，用种母鸡料饲喂。

（三）种公鸡的采精训练

种公鸡的采精训练是鸡人工授精技术的前提条件。同群种母鸡开产前 2 周开始训练种公鸡。当两周训练成功时，种母鸡的产蛋率已升至 50% 左右，开始收取种蛋人工授精。种公鸡每天的训练时间与种母鸡每天的输精时间要相对应，一般在每天 14：00～22：00 时进行，采精人员应相对固定，训练采精时间也应相对固定，以便于种公鸡形成条件反射。还要在饲料中补充足量的维生素。育成期的种公鸡体重必须发育良好。

采精训练时，首先用腿夹住种公鸡的体躯，将肛门周围的羽毛剪干净，以便采精。种公鸡的采精技术有双人采精和单人采精两种。

1. 双人采精 辅助人员两手分别握住种公鸡的两腿，以自然交配时的姿势把鸡的两腿自然分开，将鸡头从一侧向后轻轻夹于腋下，尾部朝向采精人员，鸡体保持水平自然。采精人员一只手的中指和无名指夹住高温烘干消毒好的采精杯，使杯口在手心内或杯口朝下防止羽毛和粪便污染；另一只手从前向后在种公鸡背部按摩数次，每次按摩至尾部时，手指轻轻捏尾部。采精人员按摩时，如果手感种公鸡有尾部下压动作，泄殖腔有外翻表现，则说明按摩方法正确；如果没有泄殖腔外翻的反射，说明按摩方法不正确。用力太小或太大、按摩的部位是否正确都影响采精训练的效果。初次训练时，采精员的食指和大拇指分开放在公鸡耻骨下面腹部两侧柔软处，上下快速抖动按摩片刻。初次训练的几天，每只种公鸡反复按摩6～7次，直至采出精液后隔1天训练1次。人工采精训练14天后，还不能采出精液的公鸡，应淘汰。采精时用按摩的一只手轻轻捏泄殖腔两侧，防止射精时粪便排到采精杯中。将采出的精液用消毒、烘干后的胶头滴管轻轻从采精杯中吸出移至集精杯。从胶头滴管移动精液至集精杯中，应使精液沿集精杯边缘缓慢流入。集精杯应保存在30～40℃的温水中，温度计必须插入水中间，否则温度计上的读数不能正确反映精液保存的温度。

2. 单人采精 与双人采精方法的不同之处是，操作人员坐在凳子上，左腿跷在右腿上面，将种公鸡的两腿紧紧夹住固定在两腿之间。左手掌朝下紧贴公鸡背部，大拇指与其余四指分开插到种公鸡两翼下面，轻轻地上下抖动按摩数次，有泄殖腔外翻反射时证明方法正确。其他要求与双人采精训练相同。

（四）人工授精器械的准备

准备好消毒锅、广口瓶、酒精、棉球、镊子、剪刀、人工授精器械（茶色采精杯、试管、长颈胶头滴管、输精枪）、保温杯、温度计、带盖手术盘、暖瓶和脸盆。

保温杯去盖，选一块2～5厘米厚泡沫塑料做盖，上面打1个插集精管的孔和1个插温度计的孔，将温度计和集精管分别插入2个孔内。温度计用来测定保温杯中的水温。如果水温偏低，应及时补充热水调整温度。

（五）母鸡的输精

输精时间一般确定在每天下午大部分鸡已经产完蛋之后，即14：00～22：00时。输精的操作方法：右手抓住种母鸡的两只大腿，拉至笼门口，左手适当用力按压腹部，使母鸡的泄殖腔外翻，输卵管开口暴露出来，在左上方的位置，即可输精。输精时，输精管直插入输卵管开口处1.5厘米深处。轻捏胶头滴管的胶头或推动输精枪将精液输至输卵管内。输精管插入到输卵管开口的同时，抓鸡人员的手要轻轻放松，防止精液倒流。输精过程中，应防止污染精液。一旦输精管被污染，应换1支消毒干净的使用。每次输精时间应间隔4天。要定期检查种蛋的受精情况，如果受精率下降应立即查明原因，采取补救措施。

（六）输精时的注意事项

进行输精时应注意的事项有：①种母鸡泄殖腔易翻，用手抓鸡时下蹲姿势的鸡为开产鸡，可以输精；泄殖腔紧、难翻的母鸡未开产，应挑出分笼饲养。②输卵管口翻出后应认准位置再输精，不要输卵管口没有翻出就盲目插入输精。③滴管或输精枪轻轻直插，不要斜插，防止损伤输卵管壁。④输精深度不能少于1.5厘米，输精量为每只鸡0.025毫升/次。如果种公鸡够用，精液最好不稀释，用原精液输精。⑤精液保存温度为30～40℃，不宜高于42℃；温度太低，受精率下降。⑥输精时间控制在30分钟之内最佳。⑦不要输入空气和气泡。⑧不宜振荡，防止降低精子活力。⑨输精过程中，滴管一旦污染，应另换1支，避免交叉感染，最好1只鸡用1支输精管。⑩定期检疫，淘汰白痢、支原体和白血病等阳性鸡，以保证雏鸡的健康。

六、强制换羽

隔年老鸡在秋季换羽是一种正常现象，当羽毛换到主翼羽时母鸡就开始停产。鸡的自然换羽早晚及持续时间是不一样的，群体的换羽时间往往拖得很长。而人工强制换羽就能消除群体换羽参差不齐的现象，有意识地控制休产期与产蛋期，使产蛋在一定程度上消除季节性。隔年老鸡、市场行情较差时的当年鸡，为了提高养殖效益，均可进行人工强制换羽。常规强制换羽的做法各有不同，但都应该达到如下要求：①能在很短时间内，使整个鸡群全部停产换羽；②停产休息后，适时恢复产蛋，产蛋率高而且蛋的品质好；③成本低，费用少，死亡率低；④合适的停产休息为6～8周，做到简单易行，节省劳力。

母鸡常规的人工强制换羽方法是停喂饲料、限制饮水和减少光照时间。

停喂饲料时间为10天左右，最短的是2～3天。停喂时间长的，恢复正常喂料的时间就较快；停喂时间短的，结束停喂后，在一段较长的时间内，仅喂以少量的混合饲料，或单纯喂一些饲料（如高粱、玉米或大麦）。

限制饮水的时间依季节而不同，若气温很高可不限制饮水，天气凉爽，则在开始停喂饲料的1～2天不给饮水。此后，有的照常供水，有的间断供水，依具体情况而定。

开放式有窗鸡舍，停止人工光照，可将门窗遮挡，使其黑暗以安定鸡群。密闭式鸡舍每天光照时间为8个小时。

实践证明，停料限水并结合减光和给予低蛋白质饲料，能使母鸡更有效地换羽；不减少光照且换羽期给予高蛋白质饲料的，则恢复产蛋较早，且产蛋率不高。

母鸡在强制换羽期间，体重减轻，卵巢和输卵管处于休止状态，要求蛋用型鸡体重必须减轻30%左右。一旦恢复饲料，卵巢和输卵管又随体重恢复而复壮。因此，在换羽前抽样50只母鸡称重，并做好标记，随后每隔数天复称1次，直到体重减到30%时为止。

进行强制换羽应注意：炎热或严寒季节不宜进行；病、弱鸡应予淘汰，不能搞强制换羽；恢复喂料时，喂料量要逐渐增加。

第五章 土杂鸡孵化技术

一、种蛋选择

孵化效果取决于多种因素，而孵化前妥善地选择种蛋，是提高孵化率的直接因素。选择符合标准的种蛋，出雏率高，雏鸡健康、活泼、好养。对于种蛋的选择，一般可按下列 7 个标准进行。

（一）种蛋来源

种蛋必须来自健康而高产的种鸡群，种鸡群中公母配种比例要恰当。有些带病鸡、特别是曾患过传染病的，如传染性支气管炎、腺病毒病等，以及带有遗传性疾病的母鸡生的蛋，还有体弱、畸形、低产的母鸡生的蛋，绝对不能留种；有些母鸡年龄老，或者母鸡虽然年轻，而配种公鸡年龄过大（3 岁以上），这样的鸡产的蛋，也不能留作种用。

（二）保存时间

一般保存 5 ～ 7 天内的新鲜种蛋孵化率最高，如果外界气温不高，可保存到 10 天左右。随着种蛋保存时间的延长，孵化率会逐渐下降。经过照蛋器验蛋，发现气室范围很大的种蛋，都是属于存放时间过长的陈蛋，不能用于孵化。

（三）蛋的重量

种蛋大小应符合品种标准，例如一般商品蛋鸡和肉鸡的种蛋重量在 52 ～ 65

克，而地方鸡种的种蛋略小，在40～55克不等。应该注意，一批蛋的大小要一致，这样出雏时间整齐，不能大的大、小的小。蛋体过小，孵出的雏鸡也小；蛋体过大，孵化率比较低。

（四）种蛋形状

种蛋的形状要正常，看上去蛋的大端与小端明显，长度适中，蛋形指数（系横径与纵径之比）为74%～77%的种蛋为正常蛋；小于74%者为长形蛋，大于77%者为圆形蛋。可用游标卡尺进行测量。长形蛋气室小，常在孵化后期发生空气不足而窒息，或在孵化18天时胚胎不容易转身而死亡；圆形蛋气室大、水分蒸发快，胚胎后期常因缺水而死亡。所以，过长或过圆的蛋都不应该选作种蛋。

（五）蛋壳的颜色与质地

蛋壳的颜色应符合品种要求，蛋壳颜色有白色、绿色、粉色、浅褐色或褐色等。砂壳、砂顶蛋的蛋壳薄，易碎，蛋内水分蒸发快；钢皮蛋蛋壳厚，蛋壳表面气孔小而少，水分不容易蒸发。因此，这几种蛋都不能作种用。区别蛋壳厚薄的方法是：用手指轻轻弹打，蛋壳声音沉静的，是好蛋；声音脆锐如同瓦罐音的，则为壳厚硬的钢皮蛋。

（六）蛋壳表面的清洁度

蛋壳表面应该干净，不能污染粪便和泥土。如果蛋壳表面很脏，粪泥污染很多，则不能当种蛋用；若脏得不多，通过揩擦、消毒还能使用。如果发现脏蛋很多，说明产蛋箱很脏，应该及早更换垫草，保持产蛋箱清洁。

（七）蛋白的浓稠度

蛋白的浓稠度与孵化率的高低有密切关系。有试验指出，蛋白浓稠的孵化率为82.2%，稀薄的则只有69.6%。生稀薄蛋白蛋的产蛋母鸡，是因为饲料中缺乏维生素D和维生素B_2。测定蛋白浓稠度的方法，可用照蛋器看蛋黄飘浮的速度来判断：飘浮较快的，蛋白较稀薄；蛋黄在蛋内移动缓慢的，说明蛋白浓稠。蛋白稀薄的蛋，难于孵出鸡来，不应该选作种蛋。

二、种蛋保存和消毒

（一）种蛋保存

1. 蛋库　大型鸡场有专门保存种蛋的房舍，称为蛋库；专业户饲养群鸡，也得有个放种蛋的地方。保存种蛋的房舍，应有天花板，四墙厚实，窗户不要太大，房子可以小一点，保持清洁、整齐，不能有灰尘、穿堂风，防止老鼠、麻雀出入。

2. 存放要求　为了保证种蛋的新鲜品质，保存时间愈短愈好，一般不要超过 1 周。如果需要保存时间长一点，则应设法降低室温，提高空气的相对湿度，每天翻蛋 1 次，把蛋的大端向上放置。

保存种蛋标准温度的范围是 12 ～ 16℃，若保存时间在 1 周以内，以 15 ～ 16℃为宜；保存 2 周以内，则把温度调到 12 ～ 13℃；3 周以内应以 10 ～ 11℃为佳。

室内空间的相对湿度以 70% ～ 80% 为宜。湿度小则蛋内水分容易蒸发；但湿度也不能过高，以防蛋壳表面发霉。霉菌侵入蛋内会造成蛋的霉败。种蛋保存 3 周时间，湿度可以提高到 85% 左右。

保存 1 周以内的种蛋，大端朝上或平放都可以，也不需要翻蛋；若保存时间超过 1 周以上，应把蛋的大端向上，每天翻蛋 1 次。

（二）种蛋消毒

种蛋存放期应进行消毒。最方便的消毒方法是，在一个 15 米^2 的贮蛋室里用一盏 40 瓦紫外线灯，消毒时开灯照射 10 ～ 15 分钟；然后把蛋倒转 1 次，让蛋的下面转到上面来，使全部蛋面都照射到。

正式入孵时，种蛋还要进行 1 次消毒。这次消毒要彻底。种蛋孵前消毒的方法有许多种，除紫外线灯消毒外，还有熏蒸消毒法和液体消毒法。

1. 熏蒸消毒法　熏蒸消毒法适用于大批量立体孵化机的消毒。

（1）甲醛熏蒸消毒　把种蛋摆进立体孵化机内，开启电源，使机内温度、湿度达到孵化要求，并稳定一段时间，这时种蛋的温度也升高了。按照已经测量的孵化机内的容积，准备甲醛、高锰酸钾的用药量（每立方米容积用甲醛 30

毫升、高锰酸钾15克）；准备耐热的玻璃皿和搪瓷盘各1个。将玻璃皿摆在搪瓷盘里，再把两种药物先后倒进玻璃皿中，送进孵化机内，把机门和气孔都关严。这时冒出刺鼻的气体，经20～30分钟后，打开机门和气孔，排出气体，接着进行孵化。

（2）过氧乙酸熏蒸消毒　过氧乙酸又称过醋酸，具有很强的杀菌力。按每立方米空间用药1克称量，放入陶瓷或搪瓷容器内，下面准备酒精灯一盏。把种蛋放入孵化机（暂不必开启电源加温），关严气孔，保持机内20～30℃，相对湿度为70%以上。在密闭条件下，点燃酒精灯加热。这时开始冒出烟雾。把机门关严，熏蒸15～20分钟，还要开几次风扇，使内部空气均匀，注意酒精灯不要熄灭。消毒结束，打开机门和气孔，排出气体，取出消毒用具，最后开启电源进行正式孵化。

2. 液体消毒法　液体消毒法适用于少量种蛋消毒。

（1）新洁尔灭溶液消毒　用原液0.1%的浓度，装进喷雾器内。把种蛋平铺在板面上。用喷雾法把药液均匀地洒在种蛋表面，有较强的去污和消毒作用。该药呈碱性，忌与肥皂、碘酊、高锰酸钾和碱合用。蛋面晾干后即可入孵。

（2）有机氯溶液消毒　将蛋浸入含有1.5%活性氯的漂白粉溶液内消毒3分钟（水温43℃）后取出晾干。

（3）高锰酸钾溶液消毒　配制0.1%高锰酸钾温水溶液，将种蛋放入浸泡3～4分钟，取出晾干。该药宜现配现用。消毒过的蛋面颜色有些变化，但不影响孵化效果。

（4）氢氧化钠溶液消毒　将种蛋浸泡在0.5%氢氧化钠溶液中5分钟，能有效地杀灭蛋壳表面的鼠伤寒沙门氏菌。

此外，用0.05%的碘化钾溶液（温度为40～45℃），将种蛋浸泡2～3分钟，取出晾干，也有较好的消毒作用。

（三）种蛋消毒的注意事项

种蛋孵化前消毒应注意的事项有：①用药量一定要准确，不能多也不能少；②根据本单位条件，在一批种蛋消毒时，只需选用一种消毒药物；③液体浸泡消毒，消毒液的更换是很重要的，也就是说，一盆配制好的消毒液，只能消毒有限的种蛋，但究竟能消毒几批蛋，目前尚没有一定的标准，可适当更换新药液。

三、孵化技术管理

（一）入孵前的准备

1. 孵化机检修　孵化前要对孵化机进行全面检修，温度、湿度控制要求为：在孵化箱内的各部温度差不超过 0.2℃；孵化时，机内各部湿度差不超过 3%。调节方法是在地面上洒水，机内增加或减少水盘。

2. 消毒　孵化室和孵化机具要彻底消毒。

（二）种蛋的预热

入孵前种蛋要预热，如果凉蛋直接放入孵化机内，由于温度悬殊对胚胎发育不利，还会使种蛋表面凝结水气。预热对存放时间长的种蛋和孵化率低的种蛋更为有利。一般在 18 ～ 22℃的孵化室内预热 6 ～ 18 个小时。

（三）入孵及入孵消毒

入孵的时间应在 16：00 ～ 17：00，这样可在白天大量出雏，方便进行雏鸡的分级、性别鉴定、疫苗接种和装箱等工作。种蛋要大头向上码入蛋盘中，分批入孵时“新蛋”与“老蛋”交错放置，彼此调节温度。

当机内温度升高到 27℃、相对湿度达到 65% 时，进行入孵消毒。方法为甲醛熏蒸法，孵化器 1 立方米用甲醛 30 毫升，高锰酸钾 15 克，熏蒸 20 分钟。然后打开排风扇，排除甲醛气体。

（四）温度、湿度调节

入孵前要根据不同的季节和前几次的孵化经验设定合理的孵化温度、湿度，设定好以后，旋钮不能随意扭动。刚入孵时，开门上蛋会引起热量散失，同时种蛋和孵化盘也要吸收热量，这样会造成孵化器温度暂时降低，经 3 ～ 6 个小时即可恢复正常。孵化开始后，要对机显温度和湿度、门表温度和湿度进行观察记录。一般要求每隔半个小时观察 1 次，每隔 2 个小时记录 1 次，以便及时发现问题，尽快处理。有经验的孵化人员，要经常用手触摸胚蛋或放在眼皮上测温，实行“看胚施温”。正常温度情况下，眼皮感温要求微温，温而不凉。

（五）通风换气

在不影响温度、湿度的情况下，通风换气越通畅越好。在恒温孵化时，孵化机的通气孔要打开一半以上，落盘后全部打开。变温孵化时，随胚胎日龄的增加，需要的氧气量逐渐增多，所以要逐渐开大排气孔，尤其是孵化第14至15天以后，更要注意换气、散热。

（六）翻蛋

入孵后12个小时开始翻蛋，每2个小时翻蛋1次，1昼夜翻蛋12次。在出雏前3天移入出雏盘后停止翻蛋。孵化初期适当增加翻蛋次数，有利于种蛋受热均匀和胚胎正常发育。每次翻蛋的时间间隔要求相等，转蛋角度为90°。

（七）照检

孵化期间一般照蛋2次，也有在落盘时再照1次的。照蛋的目的：一是查明胚胎发育情况及孵化条件是否合适，为下一步采取措施提供依据；二是剔出无精蛋和死胚蛋，以免污染孵化器，影响其他蛋的正常发育。

1. 头照　一般在入孵后第5天进行，主要是检出无精蛋和死胚蛋。无精蛋：颜色发淡，只能看见卵黄的影子，其余部分透明，旋转种蛋时，可见扁形的蛋黄悠荡飘转，转速快。活胚蛋：可见明显的血管网，气室界限明显，胚胎活动，蛋转动胚胎也随着转动，剖检时可见到胚胎黑色的眼睛。死胚蛋：可见不规则的血环或几种血管贴在蛋壳上，形成血圈、血弧、血点或断裂的血管残痕，无放射形的血管。

2. 二照　一般在入孵后第10至11天进行，主要观察胚胎的发育程度，检出死胚。种蛋的小头有血管网，说明胚胎发育速度正好。死胚蛋的特点是气室界限模糊，胚胎黑团状，有时可见气室和蛋身下部发亮，无血管，或有残余的血丝或死亡的胚胎阴影。活胚则呈黑红色，可见到粗大的血管及胚胎活动。

3. 三照　一般在落盘的同时进行。此时如见气室的边缘呈弯曲倾斜状，气室中有黑影闪动为活胚蛋。若小头透亮，则为死胚蛋。

（八）落盘

孵化到第18至19天时，将入孵蛋移至出雏箱，等候出雏，这个过程称落盘。要防止在孵化蛋盘上出雏，以免被风扇打死或落入水盘溺死。

（九）捡雏

孵化到20.5天时，开始出雏。这时要保持机内温度、湿度的相对稳定，并按一定时间捡雏。将雏鸡于孵化后第21天大批取出，并用人工助产法帮助那些自行出壳困难的雏鸡。若雏鸡已经啄破蛋壳，壳下膜变成橘黄色时，说明尿囊血管已萎缩，出壳困难，应施行人工破壳。若壳下膜仍为白色，则尿囊血管未萎缩，这时人工破壳会造成出血死亡。人工破壳是从啄壳孔处剥离蛋壳1厘米左右，把雏鸡的头颈拉出并放回出雏箱中继续孵化至出雏。

（十）清扫与消毒

为保持孵化器的清洁卫生，必须在每次出雏结束后，对孵化器进行彻底清扫和消毒。在消毒前，先将孵化用具用水浸润，用刷子除掉脏物，再用消毒液消毒，最后用清水冲洗干净，沥干后备用。孵化器消毒，可用3%来苏儿喷洒或用甲醛熏蒸（同种蛋）消毒。

四、孵化效果的监测

使用照蛋器逐天观察胚相，可见到鸡胚发育情况一天一个样。通过照蛋，了解施温及供给其他条件是否合理，以便及时矫正不足之处，达到高产的目的。

（一）胚相

1. 鱼眼球 鸡蛋孵化24小时后，在照蛋器透视下，于蛋黄原来胚盘的部位，可见一颗透亮的圆形物。它形似小鲫鱼的眼珠（俗称“鱼眼珠”），是初期受精蛋与无精蛋区别的主要标志。

2. 樱桃珠 鸡蛋孵化到第2天末，可看到卵黄囊血管区，形似黄豆大小的樱桃（俗称“樱桃珠”）；胚胎心脏已初步形成，并开始跳动；蛋黄吸收了蛋白的水分而显得较大一些。

3. 蚊虫珠 鸡蛋孵化到第3天末，可见胚胎和伸展的卵黄囊血管的形状，像1只静止的蚊子（俗称“蚊虫珠”）；尿囊开始发育，蛋黄吸收蛋白更多的水分而明显扩大。

4. 小蜘蛛 鸡蛋孵化到第4天末，胚胎和卵黄中血管形成小蜘蛛状（俗称“小蜘蛛”）；在照蛋器下转动胚胎蛋，蛋黄不容易跟着转动，故又称“落盘”；卵黄囊血管贴近蛋壳，开始利用壳外的气体进行代谢。

5. 单珠 孵化到第5天末，照蛋时可看到头部黑色的眼珠（俗称“单珠”）；胚胎已经弯曲，四肢开始发育。

6. 双珠 孵化到第6天末，可见胚体两个小圆团：一个是头部，另一个是增大弯曲的躯干部（俗称“双珠”）；这时羊膜开始收缩，胎儿开始运动。

7. 七沉 孵化到第7天末，照蛋时，由于胚胎在起保护作用的羊水中被遮盖而看不见（俗称“七沉”）；这时半个蛋面布满血管，胎儿出现鸟类形状。

8. 八浮 孵化到第8天末，照胚蛋正面，易见到胎儿在羊水中浮游（俗称“八浮”）；照蛋的背面，将蛋转动，两边蛋黄不易晃动，故又称“边口发硬”；用放大镜能见到胚体上的羽毛原基。

9. 九摇头 孵化到第9天末，鸡胚在照蛋器下，见一头一尾，忽隐忽现，摇摆不定（俗称“摇头”）；蛋转动时，两边蛋黄容易晃动，又称“晃得动”；背面尿囊血管很快伸展越出蛋黄的范围。

10. 合拢 鸡胚发育10～10.5天，尿囊血管继续伸展，在蛋的背面小端吻合（俗称“合拢”）；这是胚胎发育正常与否及施温好坏的重要标志。

11. 血管加粗 鸡胚发育11～12天，血管分布、颜色渐变深，管径加粗；12天末，背部两侧蛋黄在大端连接。

12. 长毛 鸡胚发育13～14天，头部和身体大部分已形成绒毛，胎儿与蛋的长轴呈平行。

13. 长骨肉 鸡胚发育15～16天后，是胎儿长骨、长肉的剧烈阶段。由于胎儿长大，蛋内黑影部分逐天增加，小端发亮部分逐天缩小。

14. 封门 孵化到第17天末，以蛋的小端对准光源，见不到发亮的部分（俗称“封门”）；蛋白已完全利用，胎儿下坐到小端。

15. 转身 孵化到第18天末，胎儿转身，喙朝上气室，气室明显增大而倾斜（俗称“转身”“斜口”）；除蛋的大端外，整个发黑（是胚胎长成的标志）；尿囊液及羊水明显消失。

16. 闪毛 孵化到第19天末，胎儿颈、翅部突入气室，可见到黑影在闪动

（俗称“闪毛”）；这时，绝大部分甚至全部蛋黄被吸入腹内。

17. 起嘴和见嘌　孵化到第 20 天末，雏嘴啄破壳膜，伸入气室内（俗称“起嘴”）；接着雏鸡破壳，即为“见嘌”。

18. 出雏　到满 21 天，雏鸡用喙将壳啄开 2/3，以头颈用力往外顶，破壳而出。从“见嘌”开始到出壳为止，需 2 ～ 10 个小时。

（二）照蛋

1. 照蛋器　是用来检查种蛋受精与否及鸡胚发育进度的用具。目前生产的手持式照蛋器，采用轻便式的电吹风外壳改装而成。灯光照射方向与手把垂直，控制开关就在手把上。操作方便，能提高工作效率。

照蛋器的电源为 220 伏交流电（也可用低压交流电）。器内装有 15 瓦的小灯泡，灯光经反光罩和聚光罩形成集中的光束射出。光线充足，能透过棕色的蛋壳，清晰地照出鸡胚发育的蛋相来。

照蛋器的散热性能应良好，连续工作而外壳不发烫；前端有 1 个橡皮垫圈，可防止照蛋时碰破蛋壳。使用时，应轻提轻放，不要猛烈震动，也不宜随意拆卸。

整盘照蛋的照蛋箱顶部和孵化机蛋盘一般大，上面镶耐热玻璃，里面放 4 根 40 瓦荧光灯作光源。

2. 照蛋的方法　一个孵化期中，生产单位一般进行 2 ～ 3 次照蛋。3 次照蛋的时间是：头照 5 ～ 7 天，二照 11 天，三照 19 天。

（1）头照　查明种蛋受精与否和胚胎早期发育情况，挑出无胚蛋、散黄蛋和死胚蛋。没有受精的蛋，仍和鲜蛋一样，蛋黄悬在中间，蛋体透明；散黄蛋，一般看不到血管，蛋黄形状不规则，漂悬在蛋的中线附近；死精蛋，则蛋内混浊，可见有血环、血弧、血点或断血管。

受精蛋孵化到第 5 天，若尚未出现“单珠”，说明早期施温不够；若提早半天或 1 天出现“单珠”，说明早期施温过高。若查出温度不够或过高，都应做适当调整。正常的发育情况是，在照蛋器透视下，胚蛋内明显地见到鲜红的血管网，以及 1 个活动的位于血管网中心的胚胎，头部有一黑色素沉积的眼珠。若系发育缓慢一点的弱胚，其血管网显得微弱而清淡。

（2）二照　查明中期胚胎的发育情况。发育好的胚胎变大，除了气室部分外，血管布满蛋内全部，而且颜色加深，管径较粗（“合拢”）。气室较以前变大，边界分明。如是死胚，可见蛋内显出黑影，周围见不到血管或有模糊的血管，蛋内混浊，颜色发黄。

正常发育的鸡胚尿囊，在孵化的第3天末才出现，第4天开始长大，孵到10～10.5天时在小端结合在一起。如胚胎发育迟缓，则蛋的小端部分显得很透明，这说明尚未“合拢”，应将温度调高一点。

（3）三照　查明后期胚胎的发育情况。发育好的胚胎，体形更大，蛋内为胎儿所充满，但仍能见到血管。颈部和翅部突入气室。气室大而倾斜，边缘成为波浪状，毛边（俗称“闪毛”）；在照蛋器透视下，可以观察到胎儿的活动。死胎则血管模糊不清，靠近气室的部分颜色发黄，与气室界限不十分明显。

（三）蛋重和气室变化

胚胎发育较慢与施温的关系密切，同时也与供给的湿度有关。衡量湿度可在每次照蛋的时候，对胚蛋进行称重，看失重的百分比，以便与标准失重进行对照。

另外，尚应观察胚蛋气室的变化。失重高，蛋内水分蒸发多，空出的气室必然也大；相反，失重低，水分蒸发少，气室也较小。

鸡胚正常出壳的时间是孵至20.5～21天，一般2～10个小时内出完，雏鸡孵出后，应观察其活动和身体状况。发育正常的雏鸡体格健壮，精神活泼，体重合适，蛋黄吸收良好，脐部干净利落，绒毛整洁，色素鲜浓，毛长适中。此外，还要注意有无歪嘴、瞎眼、颅瘤和曲趾等畸形现象。最后统计每一批次入孵蛋的受精率、孵化率和健雏率。正常受精率为95%～96%；孵化率占入孵蛋的85%，占受精蛋的89.5%～90%；健雏率98%以上。

（四）孵化不良的原因分析

孵化不良的原因有先天性和后天性的两大类。每一类中，尚存在许多具体的因素。

1. 影响种蛋受精率的因素　种蛋受精率，高的应在90%以上，一般应在85%以上。若不足85%，应该及时检查原因，以便改进和提高。影响种蛋受精率的主要原因有：种鸡群营养不良，特别是饲料中缺少维生素A的供给；公、母鸡配种比例失调，鸡群中种公鸡太少；气温过高或过低，导致种公鸡性活动能力降低；公鸡或有腿病，或步态不正，影响与母鸡交配；公、母鸡体重悬殊太大，特别是公鸡很大而母鸡太小，常造成失配等。

2. 影响早期胚胎死亡的因素　孵化正常时，在4～5天的胚胎死亡一般占入孵蛋总数的2%左右。若超过这个比例，则应检查原因。影响早期胚胎死亡的主要因素有：种蛋贮存时间太长，很多鸡胚在孵化1～2天内死掉（剖检时胚盘表面有泡沫出现）；若不死，今后发育也较迟缓，出壳时间拖长。种蛋受冻，在第一天内死亡很多，蛋黄膜裂开。种鸡群饲料中缺少维生素D及维生素B_2，蛋壳薄而脆，蛋白稀薄。早期施温过高也易引起胚胎死亡。

3. 影响中、后期孵化不良的因素　孵化正常时，全部胚蛋发育、生长较一致，弱胎率不超过5%，第19天照蛋死胎率不超过2%～3%，移盘后的出雏阶段死亡不超过6%～7%；出壳的雏鸡活泼健壮。若孵化期间或出雏阶段因管理不周或因先天性因素（种鸡营养不良、蛋内带致病菌、蛋壳过厚、蛋形过长等），都会使胚胎出现一些毛病，严重者引起死亡。

（1）温度因素　温度过高，很多胚胎破壳时死掉；蛋黄吸收不良，壳内有残留的蛋白和卵黄囊，肠和心脏充血；提早出壳的雏鸡，个体小，绒毛粘着，脐门愈合不良。温度过低，鸡胚发育生长很慢，尿囊充血，心脏肥大，蛋黄呈绿色被吸收且充满在肠道内；雏鸡出壳迟，持续时间很长，有的因无力挣扎而死在壳内；出壳的雏鸡群中弱雏较多，站立不稳，腹大而有时下痢。

（2）湿度因素　湿度过高，蛋内物质变得不容易吸收，尿囊合拢迟缓；19天时，气室小，界线平齐，失重不达要求；啄壳时，常因蛋白把鸡嘴粘在壳上（干燥后粘得更紧）而窒息死亡；出壳迟，雏鸡绒毛粘连蛋液，腹部很大，弱雏较多。湿度不足，早、中期死胎较多，11天时，气室大而失重多；出壳较困难；绒毛干燥、毛短、发黄，有时粘壳。

（3）通风因素　通风换气不良，早、中期鸡胚死亡率高，在羊水内有血液，内脏器官充血或溢血，雏鸡常在小端啄壳，有时死掉。

（4）翻蛋因素　翻蛋不及时或角度不够，早、中期胚胎易粘附在壳膜上死掉；合拢不全，尿囊之外有剩余的蛋白；容易孵出残废和蛋白吞噬不全的雏鸡，尤其是大蛋和长形蛋易形成这种现象。

（5）其他因素　如种蛋在蛋盘上的位置，孵化中胚胎是否受到感染等，都是影响孵化效果的因素。

4. 影响孵化率和健雏率的因素　统计孵化率的方法有两种：一为出雏数与受精蛋数的百分比；二为出雏数与入孵种蛋数的百分比。前者称受精蛋的孵化率，应用较为普遍；后者称入孵蛋的孵化率，计算成本时常采用。

凡是自行啄壳而出的雏鸡，不论当时的命运如何，都应该列为出雏数。出雏数中包括健康雏鸡和极少数死雏以及将要淘汰的病雏、极弱雏与畸形雏等。健雏率即健雏数与出雏数的百分比。

影响孵化率和健雏率的因素，除了孵化管理技术以外，还有许多其他因素。如品种、品系不同，孵化率也不同，近交会使孵化率下降，雏鸡生活力也弱，杂交则能提高孵化率和雏鸡生活力；种鸡年龄，如刚开产或年龄老的母鸡，生的蛋的孵化率低，出的雏鸡生活力也低。此外，种鸡患病也影响后代出雏效果，等等。

在孵化中，应注意胚胎两个死亡高峰：一个在孵化 4 ～ 5 天时，另一个在孵化第 18 天。检查孵化效果的方法是多方面的，采用遗弃的空蛋壳的脆度来衡量是一种简单的方法：胚胎在发育中，须吸取蛋壳上的钙质。如发育正常，雏鸡骨骼健壮，蛋壳钙消耗就高，因而用手指捻蛋壳易碎，说明孵化效果良好；如捻壳不碎，说明雏鸡没有充分利用壳中的钙，孵化效果就不理想。

五、雏鸡鉴别和分群

（一）雏鸡选择和分群

雏鸡孵出后应严格挑选，健康的雏鸡精神活泼，眼睛明亮；绒毛均匀、干净、整齐，具有本品种的羽毛色；除个别小型鸡种以外，初生体重应在 35 ～ 42 克；腹部大小适中；脐门收缩良好，肛门也干净利落，不粘有黄白色的稀便；两腿结实，站立稳健；喙、胫、趾色素鲜浓；全身没有畸形表现。

较弱的雏鸡，精神表现一般，脐门愈合不良，摸得着小疙瘩；出雏时蛋壳上粘有血液；腹大，体重有时超过标准；出现非品种化的青腿，有时脐门见有绿环色素；两腿张开，站立不稳；出现较轻的畸形，如单眼、单腿曲趾等。可把这类雏鸡列为弱雏群，交给有经验的饲养员精心养育，多数能成活，但留种率应该很低。

凡有下列情况的雏鸡要坚决淘汰，千万不要入群饲养：拖黄，即脐外尚有卵黄囊外露；吐黄，即雏鸡啄壳处蛋黄往外淌；颅瘤，即头顶出现 1 个粉红色的肉瘤；双眼失明，上下喙吻合极度不良，双腿曲趾；精神呆滞，颈部无力，站不直，身体瘫痪；出壳时流血过多；除小型鸡种外，初生重在35克以下，等等。

（二）雌雄鉴别

对初生雏鸡进行雌雄鉴别具有重要的意义：第一，可以节省饲料，商品蛋鸡场仅饲养母雏，饲养公雏价值不大；商品公鸡养殖场仅饲养公雏，饲养母雏价值不大。第二，商品土杂鸡公母雏鸡价值差别较大，市场需求量也不同，雌雄鉴别可提高孵化场收益。第三，节省禽舍、劳动力和各种饲养费用。第四，可以提高母雏的成活率和整齐度。公母分开饲养有利于母雏的生长发育，避免公雏发育快、抢食而影响母雏发育。

初生雏鸡不像刚出生的哺乳动物那样，根据外生殖器官立即可以辨认出雌雄，需要进行特殊的训练，常用方法有肛门鉴别法和自别雌雄法。

1. 肛门鉴别法

雏鸡出壳后12～24小时，可翻开肛门进行雌雄鉴别。该方法是以鸡退化的交配器官为依据的。在雏鸡泄殖腔开口部的下端中央，有一个针尖大小的突起（称为生殖突起）。孵化初期的鸡胚，不论公母都有这种突起；孵出前母雏的突起即消失，但消失的程度有别，而公雏的生殖突起仍然保留。因此，根据初生雏鸡有无生殖突起以及突起的形态差别，用肉眼在明亮的灯光（常采用有反光罩的40～60瓦乳白灯泡的光线）下即可进行鉴别。方法是：鉴定人坐在小椅上，左手握雏鸡，使鸡背对掌心，头部向下，或将其颈部夹在中指与无名指之间，肛门向上。用左手大拇指在腹部直肠处轻轻一压，挤出粪便。再用左手大拇指固定肛门上方。右手的大拇指和食指在下方将肛门轻轻拨开观察。

在鸡的泄殖腔下部，有一针尖大小的粒状突起，两侧各有一皱褶，呈“八”字形。公雏的生殖突起发达，圆而充实，有弹力，外表有光泽，轮廓鲜明，形状规则，位置端正，“八”字皱褶发达，这属于标准型；公雏鸡还有几种亚型。母雏鸡的生殖突起几乎完全退化，即或残留，也仅呈皱褶状存在，此型为正常型。

2. 自别雌雄法

自别雌雄是根据伴性交叉遗传的原理，采用固定的公母鸡配种组合（多数是品种间或品系间杂交），繁殖下来的雏鸡在初生阶段，有的是羽毛色泽，有的是生羽速度，有的在腿脚颜色方面，表现出明显的公母差异。肉眼极容易把它们分开，准确率将近百分之百。这是一种很方便的雌雄鉴别法。

如果用带隐性伴性基因的公鸡，跟带显性伴性基因的母鸡交配，繁殖下来的雏鸡，凡公的像亲代的显性性状，母的像亲代的隐性性状。例如，非芦花公鸡（伴性隐性），配芦花母鸡（伴性显性），后代雏鸡公的为芦花羽（显性性状），母的则为非芦花羽（隐性性状）。

应用自别雌雄法，必须明确如下事项：①配合的公母鸡应该固定，不能相反。②繁殖下来的商品代，即能自别雌雄这一代。若再利用本代公母鸡横交，后代已失去自别雌雄的作用。③凡能自别雌雄的配对鸡种，是经过系统选育提纯并经准确的杂交试验证实了的，如没有经过选育和试验证实的，则不会有应用效果。

第六章 土杂鸡营养与饲料

鸡所需要的营养成分包括能量、蛋白质或氨基酸、矿物质、维生素及水分五大类，除了水以外，大多都需由饲料来提供。鸡的营养需要量受遗传、生理状况、饲养管理及环境因素的影响，土杂鸡的体型较小，饲料摄食量及生长速度均低于白羽肉鸡，其营养需要量亦有所不同。土杂鸡经长期粗放饲养和驯化，通常对当地环境有很高的适应能力，善于采食各种饲料食物，在放养条件下可以补充部分营养。但在规模饲养下，必须提供营养全面合理的充足饲料，才能发挥土杂鸡的生产性能。

一、土杂鸡的营养需要

（一）肉用土杂鸡的营养需要

由于土杂鸡种类很多，体型大小和生产性能不一，至今尚未有完整的营养需要量资料。为了合理、经济地饲养土杂鸡，使其正常地生长发育，充分发挥其生产潜力，获得较好的产品，为养殖场（户）获得较高的经济收益，需根据不同土杂鸡品种、性别、日龄阶段和生产力水平制定不同的日粮能量、蛋白质、矿物质和维生素等标准。

在调配饲粮配方时，必须考虑：①土杂鸡的营养需要量；②饲料原料的营养成分；③饲料价格及来源；④饲料原料的特性。一般微量矿物质及维生素可以购买商品化的矿物质及维生素预混饲料，故计算饲料配方的重点在于能量、蛋白质、氨基酸、食盐、钙及磷，而食盐均定量添加约 0.3%，故对于土杂鸡营养需要量的研究资料，亦以能量、蛋白质与蛋白质组成的必需氨基酸及钙、磷为主。其他营养成分可参考白羽肉鸡的资料（NRC 标准）。在一般的实用土杂鸡饲粮中，含硫氨基酸较易缺乏，故要补充蛋氨酸。土杂鸡依其生长阶段，分为育雏期、生长期及育肥期，土杂鸡的营养需要量因其生长阶段而异。其营养需要量如下：

1. 育雏期 饲粮需含代谢能 13.02 ～ 13.44 兆焦 / 千克，蛋白质 22% ～ 23%，钙 0.79% ～ 0.85%，有效磷 0.40% ～ 0.46%，含硫氨基酸 0.91% ～ 0.94%，赖氨酸 1.08% 及色氨酸 0.21%。

2. 生长期 饲粮需含代谢能 11.76 ～ 13.02 兆焦 / 千克，蛋白质 17% ～ 20%，含硫氨基酸 0.66% ～ 0.72%，钙 0.70% ～ 0.75%，有效磷 0.30% ～ 0.40%。

3. 育肥期 饲粮需含代谢能 12.60 ～ 13.02 兆焦 / 千克，蛋白质 17% ～ 18%，含硫氨基酸 0.55% ～ 0.56%，钙 0.75% ～ 0.80%，有效磷 0.20% ～ 0.25%。

（二）蛋用及种用土杂鸡的营养需要

1. 自由采食

（1）育雏期（0 ～ 6 周龄） 以含蛋白质 18%、代谢能 12.18 兆焦 / 千克、钙 0.90%、有效磷 0.42% 的饲粮，供鸡自由采食。

（2）生长期（7 ～ 12 周龄） 以含蛋白质 15%，代谢能 12.18 兆焦 / 千克、钙 0.70%、有效磷 0.38% 的玉米 - 大豆粕 - 麸皮饲粮，供鸡自由采食。

（3）育成期（13 ～ 18 周龄） 以含蛋白质 12%、代谢能 12.18 兆焦 / 千克、钙 0.70%、有效磷 0.38% 的玉米 - 大豆粕 - 麸皮饲粮，供鸡自由采食。

上述饲粮中的含硫氨基酸、赖氨酸及色氨酸的含量分别占饲粮蛋白质的 4.30%、4.70% 及 0.93%。

2. 限饲

（1）育雏期（0 ～ 6 周龄） 由于土杂鸡早期生长缓慢，因此，在育雏期不适合采用限饲。此期可给予含蛋白质 18%、代谢能 12.18 兆焦 / 千克、钙 0.90%、有效磷 0.42% 的饲料，供鸡自由采食。

（2）生长—育成期（6 ～ 18 周龄） 在此期间可采用对照限饲法，以含蛋白质 15%、代谢能 12.18 兆焦 / 千克、钙 0.70%、有效磷 0.38% 的玉米 - 大豆粕 - 麸皮日粮，以自由采食量的 70% 进行限饲或含蛋白质 13%、代谢能 12.18 兆焦 / 千克、钙 0.70%、有效磷 0.38% 的玉米 - 大豆粕 - 麸皮日粮，以自由采食量的 85% 进行限饲，可减轻生长期体重及腹脂含量，并延迟性成熟日龄。一般产蛋鸡于限饲解除后2周可达25%产蛋率，解除后4周可达50%产蛋率。

3. 产蛋期营养需要量 产蛋期的鸡只给予含蛋白质14.50%、代谢能11.34兆焦/千克、钙3.60%、有效磷0.39%、含硫氨基酸0.45%、赖氨酸0.80%的饲粮，供产蛋鸡只自由采食，可满足种母鸡产蛋期繁殖所需营养。或于40周龄前每天给予种母鸡15.5克蛋白质及1.05兆焦的代谢能；于40周龄后每天给予种母鸡15.5克蛋白质及1.13兆焦代谢能均可满足繁殖需要。

二、土杂鸡的常用饲料

（一）能量饲料

1. 谷实类饲料 谷实类饲料是土杂鸡饲料的主体。碳水化合物含量高，适口性好，含磷较多，钙较少，维生素因种类不同存在差异。脱壳谷实类饲料淀粉含量在70%以上，为土杂鸡产蛋和产肉等生产活动、维持其生长发育等提供能量。

（1）玉米 玉米含有丰富的能量，是一种最常用的饲料。优点是适口性好，能量高，易于消化。在配合日粮中比例为40%～60%，在实际应用中应注意添加赖氨酸、蛋氨酸2种必需氨基酸。粉碎后的玉米不宜长期保存，否则易吸潮发霉。

（2）高粱 是重要的精饲料，主要成分为淀粉，可以消化的营养成分高。高粱所含的能量和玉米相近，由于高粱含有单宁，适口性较差，日粮添加不要超过15%。土杂鸡食用时间过长，会引起皮肤颜色变浅，还可以引起便秘。

（3）燕麦 燕麦是一种很有价值的饲料作物，粗蛋白质、脂肪含量比小麦高1倍以上。燕麦含有较多的粗纤维，能量较少，营养价值比玉米低。以燕麦为主时，饲料发生的软质粘结，有利于雏鸡生长发育，促进土杂鸡羽毛的生长。尤其适宜笼养的商品土杂鸡，在配制饲料中含量可占40%。

（4）小米 小米的营养价值高，适口性好，含有丰富的维生素B_2，是雏鸡开食常用的饲料，所含的能量与玉米相近，但粗蛋白质含量较高。小米在日粮中的含量为15%～20%。

（5）麦麸 是面粉加工的副产品，各种营养成分比较均匀，其中维生素含量丰富。由于麸皮的容积大，粗纤维含量丰富，具有轻泻作用。在配合日粮中的比例雏鸡占15%、育成鸡占20%。

（6）大麦　大麦是一种主要的饲料，粗蛋白质含量12%。大麦的粗蛋白质的食用价值比玉米佳。氨基酸和玉米差不多。粗脂肪比玉米少，钙、磷的含量比玉米高。喂时必须粉碎，否则不容易消化。因为外皮较厚，配制饲料只能相当玉米用量的85%左右。其效果不如玉米好。用于土杂鸡育雏的饲料配方中所占的比例，在10%左右为宜。

（7）稻糠　是粮谷加工的副产品，脂肪、能量、蛋白质的含量均较高，还含有丰富的B族维生素和锰，但缺少维生素A、维生素D和钙。稻糠因脂肪含量高，不易保存，容易酸败，从而降低了其营养价值。

2. 块茎类饲料　这类饲料如胡萝卜、甜菜、甘薯等。共同特点含糖量高，适口性好，饲喂时应注意添加矿物质。甘薯应蒸煮后饲喂。马铃薯严禁发芽后喂食。

3. 油脂类饲料　主要有植物油和动物油，油脂类饲料热能高，为糖类的2.25倍。青年土杂鸡日粮中添加2%的脂肪，可以加快商品土杂鸡的生长速度。

（二）蛋白质饲料

饲料日粮蛋白质可以分为动物性蛋白质和植物性蛋白质。常用蛋白质饲料主要是大豆饼、鱼粉等为主，但大豆饼中含硫氨基酸稍有不足，应补充蛋氨酸。土杂鸡日粮应考虑必需氨基酸组成、含量和利用率。土杂鸡所需的必需氨基酸包括蛋氨酸、赖氨酸、色氨酸、精氨酸、亮氨酸、苯丙氨酸、组氨酸、缬氨酸和异亮氨酸等。饲料日粮中，不但需要有足够量的必需氨基酸，而且还要适当的平衡。

1. 豆饼、豆粕　含有丰富的粗蛋白质，赖氨酸含量高，烟酸和硫胺素都很丰富，适口性好，只要在110℃加热3分钟，就可以完全破坏影响蛋白质消化吸收的胰蛋白酶等有害成分，是土杂鸡最好的植物性蛋白质饲料，在配合日粮中应占15%～25%。可以和鱼粉等配合使用，以弥补其蛋氨酸含量的不足。添加维生素B_{12}和蛋氨酸均可以替代鱼粉。但大豆饼应用过多会引起腹泻，如直接采用，利用率不高。

2. 花生饼　蛋白质含量高，但赖氨酸含量比豆粕低。脂肪含量丰富，但应防止发霉造成黄曲霉毒素中毒，最好与豆粕配合使用。

3. 菜籽饼　菜籽饼中粗蛋白质含量占 1/3 以上，可以代替部分豆粕，使用时需要采取脱毒措施除去有毒的芥子苷。因此，未经脱毒的应严格限制饲喂量。

4. 棉籽饼　脱壳的棉籽饼粗蛋白质含量与菜籽饼相当，但含有有毒物质棉酚，只有采取脱毒处理后，才能喂食。

5. 芝麻饼　芝麻饼含粗蛋白质约 40%，蛋氨酸的含量较高，与豆粕搭配使用，可以提高利用率。但因其脂肪含量高，不宜贮藏太久，最好现粉碎现喂。

6. 鱼粉　鱼粉是最好的动物性蛋白质饲料，蛋白质含量在一半以上，适口性极好，营养全面，含有全部的必需氨基酸，同时含有丰富的钙、磷和 B 族维生素，可以弥补其他饲料限制性氨基酸的不足。使用鱼粉，可以明显地提高土杂鸡的产蛋性能，并能增强土杂鸡的抗病能力。但鱼粉含盐较多，用量过大易引起食盐中毒。

7. 肉骨粉　肉骨粉是由不适用于食用的动物骨头、内脏等制成。肉骨粉的粗蛋白质含量在 50% 以上，粗脂肪的含量 13% 以上，营养价值相当高。用于喂土杂鸡时，应补充核黄素、泛酸等。

8. 蚕蛹粉　粗蛋白质含量近 70%，而且蛋白质品质好，蛋氨酸和赖氨酸的含量都比较丰富，是土杂鸡良好的蛋白质饲料。但不宜贮藏太久，易于产生异味，会影响土杂鸡的蛋和肉的风味。

（三）矿物质饲料

矿物质是形成土杂鸡骨骼和体液内离子的主要物质，并参与形成各种酶系统和新陈代谢，维持酸碱平衡，保证土杂鸡的正常生长发育。以玉米和大豆饼为主的日粮，需要添加石灰石粉和磷酸盐，以补充钙和磷不足。其他重要的微量元素如铁、锰、锌等应以拌好的添加剂的形式添加。

1. 贝壳粉、石粉　是日粮中钙的主要来源。贝壳含钙达 38.6%，粗贝壳粉的钙利用率更高。蛋壳含钙约 24.4%。应用鲜蛋壳制粉应先消毒，防止传染病。石粉为天然的碳酸钙，含量接近 40%，是补充钙的廉价来源。

2. 骨粉　含钙量比较高，还含有一定量的磷，在土杂鸡饲养中常用，用户可以自己加工，亦能提供多种微量元素。

3. 砂砾　将沙砾和河蚌壳磨成米粒大小，可替代保健砂砾，帮助消化，起到磨碎食物的作用，同时补充钙。产蛋期的土杂鸡，补充这类保健砂，可以降低钙的用量。砂砾用量为1% ～ 2%，掺在饲料中，散养的可以撒在场地，让土杂鸡自由采食。

4. 磷酸氢钙 含钙量在20%以上，含磷15%以上，是补充磷的主要来源，可占饲料0.5% ～ 2.0%。

5. 食盐 是补充饲料中缺乏的钠，一般用量为0.3% ～ 0.5%。

（四）其他饲料

1. 生物活性饲料 生物活性饲料是借助生物技术开发的蛋白质饲料。常用的是生物活性酵母，所含蛋白质丰富，各种必需氨基酸平衡，和优质的鱼粉相当，B族维生素较多，并且含有多种有助于消化的酶类，可以提高土杂鸡的产蛋量。其来源广，利用各种农副产品都可以培养。

2. 天然饲料饵料 如青草、草籽、枯叶及虫蝇等，鸡在放牧时可以自然获得，能够节约饲料，补充营养的不足。其他还有橘皮粉、松针粉、大蒜、生姜、茴香、桂皮与茶末等自然物质，有助于改变土杂鸡的肉色、改善肉质和增加鲜味。

三、土杂鸡饲料添加剂

饲料添加剂是指为了提高饲料效用、保持饲料品质、促进动物发育、保持其健康或其他用途而添加到饲料中的少量或微量营养性或非营养性的物质。其添加量一般不大，但其作用很重要。

饲料添加剂种类众多，在1998年制定的《国内外饲料添加剂使用量标准》中，将添加剂分为16大类，共127种饲料添加剂，列于表6–1，供参考。

表6–1 饲料添加剂种类

种 类	添加剂名称
矿物质微量元素	硫酸亚铁、乳酸亚铁、碳酸亚铁、氯化亚铁、氧化亚铁、富马酸亚铁、柠檬酸亚铁、碘化钾、碳酸钙、硫酸钴、氯化钴、碳酸钴、硫酸铜、氧化铜、硫酸锰、氧化锰、碳酸锰、硫酸锌、氧化锌、碳酸锌、亚硒酸钠、硒酸钠、硫酸镁、氧化镁、碳酸镁、碳酸钙、磷酸氢钙、磷酸二氢钙、磷酸一氢钙、磷酸二氢钠

续表6-1

种　类	添加剂名称
维生素	维生素A醋酸酯、维生素A棕榈酸酯、维生素D_3、维生素E、维生素K_3、维生素B_{12}、生物素、氯化胆碱、叶酸、烟酸、烟酰胺、D-泛酸钙、维生素B_6（盐酸吡哆醇）、维生素B_1盐酸盐、维生素B_1硝酸盐、维生素B_2（核黄素）、维生素C（抗坏血酸）
氨基酸	L-赖氨酸盐酸盐、DL-蛋氨酸、DL-蛋氨酸羟基类似物、DL-蛋氨酸羟基类似物钙盐、DL-色氨酸、L-苏氨酸
非蛋白氮	尿素、磷酸脲、缩二脲
抗氧化剂	乙氧喹、二丁基羟基甲苯（BHT）
防腐剂	丙酸、丙酸钙、丙酸钠、甲酸、甲酸钠、甲酸钙、柠檬酸、柠檬酸钠、乳酸、乳酸钙、乳酸亚铁、富马酸
酶制剂	淀粉酶、蛋白酶、甘露聚糖酶、纤维素酶、植酸酶等
微生物制剂	芽孢杆菌素、乳酸菌类、酵母菌
乳化剂	甘油脂肪酸酯、蔗糖脂肪酸酯、山梨聚糖脂肪酸酯、胆汁酸盐
粘结剂	海藻酸钠、羟甲基纤维素钠
抗结块剂	二氧化硅、硬脂酸钙、硅酸钙、硅酸钠
着色剂	β-胡萝卜素、柠檬黄、辣椒红、斑蝥黄（加丽素红）
调味剂	糖精（钠盐）、谷氨酸钠、所有天然产品及原合成品

（一）维生素添加剂

维生素是用来维持土杂鸡生命和生长发育所必需的一种特殊物质。主要来源是青绿饲料。对笼养和圈养的土杂鸡应提供足够的青绿饲料，如果青绿饲料不足，应补充维生素添加剂。但在散养的情况下，用量较少。以玉米和大豆饼为主的饲用日粮中，应注意添加维生素A、维生素D、维生素E、维生素K、维生素B_2和维生素B_{12}等。

（二）矿物质添加剂

动物所需的矿物质元素主要有16种，通常把占体重0.01%以上的，称为常量元素，如钙、磷、镁、钾、钠、硫、氯；把占体重0.01%以下的，称为微量元素，如铁、铜、碘、锌、锰、钼、硒等。市场销售的微量元素添加剂多数是复合微量元素，对于笼养的土杂鸡，饲料必须添加矿物质添加剂，特别是缺硒地区，还要注意添加含硒的复合微量元素。否则，会引起土杂鸡硒缺乏症。

（三）药物添加剂

药物添加剂是指为了预防、治疗动物疾病，促进动物健康生长，改善饲料利用效率的添加剂。主要有合成抗菌药物和驱虫保健药。使用一定量的药物添加剂，可以保证土杂鸡健康、促进生长发育，改善饲料报酬。应严格遵循有关规定，不得滥用，以防造成药物残留。

（四）饲用微生物添加剂

饲用微生物添加剂，就是在饲料中添加对畜禽有益的活菌制剂。按其功能分两大类：一类是能提高动物对饲料的利用率，并能促进其生长，称为微生物生长促进剂；另一类是参与肠道内微生物群菌平衡，能起到抑制病原微生物的作用，并能增强非特异性免疫功能，间接地起到促进动物生长作用，称之为益生素。我国把这两类活菌制剂又称为微生态制剂，常用的活菌制剂见表 6-2。

表 6-2　常用活菌制剂简介

名　称	来　源	功能作用	用　法
枯草杆菌制剂	孢子型培养物	产生淀粉酶、蛋白酶，合成 B 族维生素	饲料添加
双歧杆菌制剂	植物形态培养物	预防肠道内细菌产生有毒物质	饲料添加，治疗疾病
Toyoi 菌制剂	孢子杆菌培养物	降低肠道氨气产量，维持胃机能正常	饲料添加，治疗疾病
Miyairi 菌制剂	孢子型培养物	产生淀粉酶、蛋白酶，防治肠道菌丛紊乱，分解淀粉，合成 B 族维生素	饲料添加，治疗疾病

微生物添加剂的作用特点是安全、无毒、无残留、无潜在致病危害和不会带来环境污染等。其主要功能，第一类如双歧杆菌、乳酸杆菌，可促进肠道内有益菌大量繁殖，使其含量占优势，并通过占位定居，产生有机酸、过氧化氢以及消耗氧气等，以抑制有害致病菌的生长；第二类如芽孢杆菌、酵母菌能够通过产生多种消化酶和维生素等，提高饲料转化率，促进肠内营养物质的消化与吸收。

（五）中草药添加剂

中草药添加剂是取自自然界中的药用植物、矿物及其他副产品，具有多种营养成分和生物活性，兼有营养物质和药物的双重作用，既可防治疾病，又能够提高生产性能，不但能直接抑菌、杀菌，而且能调节机体的免疫功能，具有非特异性的免疫抗菌作用。有些中草药是畜禽的天然饲料，适口性好，可起增加食欲、补充营养物质及促进生长等作用，从而提高饲料利用率，节约饲料。

中草药添加剂根据其作用的不同，可分为营养性和非营养性两大类。但这种分法不是绝对的，中草药品种繁多、作用各异、一药多用、多药协同。因此，多数中草药添加剂同时具有营养性和非营养性两方面作用。

1. 营养性中草药添加剂　某些中草药添加剂含有丰富的氨基酸、微量元素与维生素等营养物质。这类中草药添加剂用于补充天然饲料中氨基酸、维生素及矿物质等营养成分，平衡和完善畜禽日粮，提高饲料利用率，最终达到充分发挥畜禽生产潜力、提高产品数量和质量，节省和降低成本的目的。构成营养性中草药添加剂的中草药有松针粉、泡桐叶和党参等。

2. 非营养性添加剂　此类中草药，除了能够提供营养物质之外，还含有丰富的生理活性物质，起到刺激畜禽生长、增进畜禽健康、防治疾病、维持动物体内物质的正常平衡和保证动物健康发育等作用。这类添加剂所含的物质包括；

（1）*含有抗菌活性、抑茵、杀菌作用的物质*　大蒜中的大蒜素、苦荞麦中的苦叶素等，都有很好的抑菌、抗菌作用。藻类中的大鞘丝藻，其藻液对青霉、金黄色葡萄球菌、枯草杆菌、伤寒杆菌和大肠杆菌都有较强的抑菌作用。

（2）*含有免疫活性的物质*　能提高动物的免疫抗病能力。如花粉中的皂苷，麦麸、甘蔗中的多糖，都能提高动物非特异性免疫功能。

（3）*含有多种酶及提高酶活性的物质*　可促进动物体正常的新陈代谢，促进营养物质的消化吸收，从而在一定程度上抑制某些病原微生物引起的病变，降低疾病的发生率和危害程度。如艾叶能提高小肠内容物中胰蛋白酶、胰脂酶、胰淀粉酶的活性，从丝兰中提取的皂苷，可抑制畜禽体内尿素酶的活性。

（4）*含有有机酸*　使日粮和动物胃中 pH 降低，可抑制胃和小肠中大肠杆菌和其他致病细菌的繁殖。

（5）*含有未知生长因子和具有生物活性的激素或类激素作用的物质*　对调控机体代谢、促进生长起重要作用。

（6）具有解毒和促进毒素排泄的物质　如桂皮中的桂皮醛，大茴香中所含的香醛，都可以与黄曲霉毒素发生反应，加速其氧化，解除其毒性。

（六）其他饲料添加剂

1. 抗应激添加剂　应激是指机体对外界或内部的各种非常刺激所产生的非特异性反应的总和。凡能引起机体产生应激的刺激，称为应激源。如高温、高湿、贼风、寒冷、劣质空气、运输、转群、抓捕、断喙、去趾、饲料突然变更、惊群、饲养密度过大、圈舍和笼具设计不合理而不能满足家禽的自然习性，等等。鸡产生应激后在生产上的主要表现为：生长发育减慢，食欲下降，对疾病抵抗力下降，发病率、死亡率增加，产蛋量下降，配种率下降，肉、蛋品质下降等。由此可见，应激广泛存在于养鸡生产中，并给养鸡业带来严重危害。

抗应激添加剂是指能缓解或减少鸡的应激反应，消除或降低应激对机体危害的添加剂。目前国内已研制出蛋鸡的抗应激添加剂。

2. 调味剂　饲料调味剂又称香味剂，是一种非营养性添加剂。它是现代高技术产品，是根据动物各有的不同生理特征和采食味道要求而制作的系列产品。调味剂是用来掩盖饲料中的不良气味，增进畜禽的食欲，并能刺激唾液分泌和胃肠蠕动，从而提高饲料消化及吸收利用率，促进畜禽的生长发育。

3. 着色剂　着色剂是向饲料中添加的能改变饲料颜色和畜产品颜色的物质。在饲料中使用着色剂有两个作用：一是改变饲料颜色，刺激畜禽的感觉器官，增加食欲；二是向饲料中添加某些物质，改善畜禽产品色泽，使其颜色加深或变为人类喜欢的颜色，以满足人的消费心理。目前着色剂主要用于蛋鸡、肉鸡饲料中，以增加蛋黄和表皮颜色。

四、土杂鸡饲料配制

（一）土杂鸡饲料配制要求

土杂鸡饲养常用的饲料很多，不同饲料所含的营养成分不同，单一饲料不能满足土杂鸡需要，需要将各种饲料配合起来，配成营养全面的日粮。

第一，按不同的饲养目的和不同的饲养方式，以及土杂鸡各个生长阶段的饲养标准配制（表 6–3）。

表 6–3　土杂鸡各生长阶段的参考饲养标准

营养成分	育雏期（0～6 周龄）	生长期（7～12 周龄）	育肥期（13～18 周龄）	产蛋期（19～66 周龄）
代谢能（兆焦 / 千克）	13.40	11.70～12.55	12.55～13.00	11.30
粗蛋白质（%）	22～23	17～19	17～18	14.50
钙（%）	0.79～0.85	0.75～0.79	0.75～0.80	3.60
有效磷（%）	0.40～0.46	0.32～0.40	0.20～0.25	0.39
含硫氨基酸（%）	0.91～0.94	0.66～0.72	0.55～0.56	0.45
赖氨酸（%）	1.08	—	—	0.80
色氨酸（%）	0.21	—	—	—

第二，要结合本地的饲料资源，选择一些适口性好、营养价值高与加工低廉的农副产品作为配制饲料的原料。原料需要加工粉碎以后才能使用，不宜粉碎得太细。

第三，在配制土杂鸡各个阶段需要的饲料时，对饲料中各种营养成分要合理把握，科学配制。表 6–4 列出土杂鸡不同饲养阶段的参考饲料配方。

表 6–4　土杂鸡参考饲料配方　（单位：%）

成　分	0～4 周龄	5～10 周龄	11～15 周龄
玉米	47.9	55.3～66.7	72.5
大豆粕	37	19.8～27.8	22
鱼粉	5	3	3
大豆油	7.5	0.5	0.1
麸皮	—	9.5	—
磷酸氢钙	1.1	0.7	0.5
石灰石粉	0.8	1	1
食盐	0.3	0.3	0.3
氯化胆碱	0.2	0.05	—
蛋氨酸	0.2	0.5	0.6
维生素	+	+	+

注："+"表示加入维生素添加剂。

第四，配制的饲料贮藏时间不能过长。必须根据用量的多少，配制 1 ～ 2 周的饲料，喂完后再配。微量元素和一些维生素之类的添加剂，要在使用前加入饲料中，要防止受热氧化等。

第五，土杂鸡采食的青绿饲料有天然的牧草、蔬菜类、作物茎叶、树叶和其他水生饲料等。其水分含量高，粗蛋白质含量丰富，维生素全面，钙、磷比例适当，是一种多种营养物质相对平衡的饲料。在土杂鸡饲养中，应给予足够量的青绿饲料，舍内散养和笼养的土杂鸡，应将青绿饲料切碎后拌入饲料中，让其采食，也可以配成干草粉，配制到日粮中。对于户外散养，可以直接投放，让其自由采食。喂量可达精饲料的 25%，干草粉占日粮的 3% ～ 5%。

第六，配制饲料时应搅拌均匀，可以采用机械拌和与手工拌和的方式。对于占日粮比例很少的成分，可以分步混匀，一次取精料的 10% ～ 20%，逐渐增加。分层多次拌和，才能保证日粮的品质。防止混合不均影响饲喂效果，严重时导致中毒。粉碎后的玉米应立即放在通风处，不宜贮藏太久，否则容易吸潮发霉。其他饼类饲料要注意消除毒素并杀虫。米糠等饲料脂肪含量丰富，要经常通风以防酸败。麦麸的吸水性强，贮存不要超过 3 个月。对于配制好的日粮，最好存放不超过 2 周。

（二）土杂鸡饲料配方

用科学的方法合理配制日粮是饲养土杂鸡的关键。理想的配合饲料在数量上能满足其食欲，在营养上能满足其生长发育和繁殖的需要，还要保证土杂鸡的风味。现推荐几个常用的饲料配方供参考（表 6–5、表 6–6、表 6–7、表 6–8）。

表 6–5　种用土杂鸡自由采食和限制饲养参考配方

方　式	自由采食			限　饲	
阶　段	育雏期（0 ～ 6 周龄）	生长期（7 ～ 12 周龄）	育成期（13 ～ 18 周龄）	育雏期（0 ～ 6 周龄）	生长—育成期（7 ～ 18 周龄）
蛋白质（%）	18	15	13	18	15
代谢能（千焦 / 千克）	12.18	12.18	12.18	12.18	12.18
钙（%）	0.0	0.7	0.7	0.9	0.7
有效磷（%）	0.42	0.38	0.38	0.42	0.38

表 6-6　蛋禽微量元素添加剂配方

原　料	用量（克）	说　明
硫酸亚铁	25.4	用途：补充蛋禽生长所需矿物质 微量元素用量：按 1% 比例加入饲料中拌匀
硫酸锰	9.4	
氯化钴	0.18	
亚硒酸钠	0.023	
磷酸氢钙	100	
硫酸锌	22.44	
硫酸铜	3.2	
氯化钾	0.04	
碳酸钙	200	
贝壳粉	339.317	
膨润土	300	
合计	1 000	

表 6-7　仔鸡微量元素添加剂配方

原　料	用量（克）	说　明
硫酸亚铁	41.46	用途：补充仔鸡生长所需微量元素 用量：以 1% 比例加入饲料中，用于 0 ～ 14 周龄鸡
硫酸锰	9.4	
碘化钾	0.047	
磷酸氢钙	100	
膨润土	300	
碳酸锌	18	
硫酸铜	3.3	
亚硒酸钠	0.023	
碳酸钙	200	
贝壳粉	327.77	
合计	1 000	

表 6-8 鸡维生素预混料配方

原　料	开食雏鸡	后备母鸡	肉用仔鸡	产蛋鸡	种母鸡
维生素 A（万国际单位）	750	500	600	600	750
维生素 D_3（万国际单位）	150	100	120	120	150
维生素 E（克）	20	15	20	10	20
维生素 K_3（克）	1	0.5	1	0.5	1
维生素 B_1（克）	1	0.75	1	1	1
维生寨 B_2（克）	4	2.5	3	3	4
维生素 B_6（克）	2.5	1.5	2	2	2.5
维生素 B_{12}（毫克）	15	7.5	10	10	15
生物素（毫克）	50	25	40	30	50
叶酸（克）	0.5	0.3	0.5	0.4	0.5
烟酸（克）	20	12.5	17.5	15	20
泛酸（克）	6	3	5	4	6
胆碱（克）	300	200	250	250	300
维生素 C（克）	30	40	40	40	30
乙氧喹啉（克）	0.2	0.2	0.2	0.2	0.2
载体（克）	加至 1000 克				

注：每吨全价饲料中该维生素预混剂的添加量为 0.2%。

（三）改进土杂鸡品质和风味的饲料添加物

其一，土杂鸡在散养放牧的情况下，可以啄食草类、腐叶、昆虫与蚯蚓等，可有效地改善肉、蛋品质和风味。在笼养时，配制日粮时可以将果园等腐叶晒干后，以鸡饲料占 70% ～ 80%、青饲料占 10%、腐叶占 5% ～ 10% 混匀，配制全价日粮，不仅可以保证土杂鸡的风味，而且蛋黄色泽鲜艳、蛋白浓稠。

其二，在饲料中添加杜仲叶。将烘干的杜仲叶磨成粉末，掺入鸡饲料中，让鸡自由采食，可有效降低脂肪和胆固醇的含量，并提高肌肉的紧实度，使肉味鲜美可口，近似野鸡。

其三，在饲料中添加桑叶。给出栏前 4 周的肉鸡饲料中添加 3% 的桑叶粉，能大幅度提高肌肉品质和肉的风味，并能降低鸡舍的臭气浓度。

其四，饲料中添加柏籽可改善鸡蛋的蛋黄颜色和品质，使鸡蛋富有自然的清香风味，同时能降低其中的胆固醇含量。

其五，松针粉和苜蓿粉可提供三黄鸡皮肤色素和蛋黄色素合成所需的叶黄素，可有效地改进三黄鸡的皮肤颜色，也可有效地改进鸡蛋的品质，使蛋黄色泽鲜艳诱人。

其六，黄玉米是数种叶黄素的优良来源，其使皮肤着色能力较强，使用黄玉米及玉米面筋粉，对改进三黄鸡特征和蛋黄颜色经济有效，使鸡的皮肤产生理想的黄色，一般需要 3 周。

另外，在饲料中加 0.25% ～ 0.50% 的大蒜粉，可使鸡肉香味更浓。育肥的全价日粮中加入 0.20% ～ 0.50% 的自制风味添加剂（含 7% 干酵母，大蒜、大葱各 10%，姜粉、五香粉、辣椒粉各 3%，味精、食盐各 0.50%），每天两次，可以刺激鸡的食欲，提高肉、蛋的品质。

第七章 卫生管理与疾病防治

一、卫生防疫的综合要求

（一）合理布局，全进全出

鸡场应建立在地势高燥、排水方便、水源充足、水质良好、离公路、河流、居民区、工厂、学校和其他畜禽场较远的地方。特别是与畜禽屠宰、肉类和畜禽产品加工、垃圾站等距离要更远一些。鸡场与外部环境之间要有围墙、林带隔离，场内生活区和生产区要分开，鸡场各类建筑要合理安排。鸡场大门和生产区入口要建立消毒池，生产区入口应设有更衣、消毒和淋浴室。尽可能采取全进全出的饲养制度，在两批鸡之间要彻底清洁消毒鸡舍和用具，切断疫病传染途径。

（二）注意饲料质量控制和饮水卫生消毒

鸡的饮水应清洁、无病原菌，应定期对鸡场的水质进行监测，必要时进行饮水消毒，最好使用乳头式饮水器以减少饮水污染机会。对饲料的原料、加工、运输和投喂等环节加以控制，避免饲料污染和传播疾病。

（三）重视人工授精、种蛋孵化中的卫生消毒

许多疾病可通过种蛋孵化过程传播，因此，必须对孵化卫生给予足够的重视，严格执行孵化、人工授精操作的消毒卫生程序。种蛋必须来自非疫区或来自健康的种鸡群。孵化设施及用具定期执行彻底清洗消毒制度，种蛋在贮蛋库

上机待孵时、落盘时都要进行甲醛熏蒸消毒，出雏后注意带鸡消毒。

（四）严格执行日常卫生防疫制度

第一，制订全年工作日程安排，饲养和防疫操作规程，建立鸡舍日记等各项工作记录和疫情报告制度。鸡场的卫生防疫制度要明文张贴，在全场学习贯彻，并由主管兽医负责监督执行。

第二，鸡舍谢绝参观，特殊情况须经场长同意，兽医室备案。非生产人员不得出入场内；生产人员和其他人员进入生产区，要在消毒室消毒更衣；维修人员由一栋鸡舍进入另一栋鸡舍时要消毒，车辆进出要消毒清洁。

第三，消毒池内可加 2% 火碱水，并及时更换；在消毒池内铺草袋，冬季可加盐防结冰，经常保持消毒效果。

第四，饲养人员要坚守工作岗位，不得串栋（舍），用具和设备必须固定在本栋（舍）内使用。经常观察鸡群健康状况，做好疫苗接种和药物防治。

第五，鸡舍内应保持适宜的温度、湿度和光照，按时通风换气，保持空气新鲜，提供全价饲料和足够的清洁饮水，不喂发霉变质饲料。

第六，工作服式样统一、标志醒目，生产区使用的衣服、鞋帽不得穿出生产区。用后洗净并消毒。

第七，鸡舍内要经常清扫，定期消毒，对所用器具定期用 2% 火碱水消毒，清水洗净后晒干，经常保持清洁。水槽、食具每天用 0.1% 高锰酸钾液清洗消毒；及时消毒地面，清除粪便。

第八，坚持全进全出的饲养制度。全场或每栋鸡舍只养同一日龄鸡只，鸡出舍后彻底清扫、冲洗、消毒，并空置 1 ～ 2 周。

第九，雏鸡舍或其他鸡舍进鸡前应彻底消毒。先清除粪便，后用清水将墙壁、地面、屋顶、笼网和其他设备全部冲洗干净，经检查无粪污，再用 2% 火碱或 0.3% 过氧乙酸喷雾消毒；笼具可用火焰消毒，最后用甲醛熏蒸消毒。然后开窗换气，方可进鸡。

第十，经常清除鸡舍附近的垃圾、杂草。每月或每季进行 1 次环境消毒，定期进行灭鼠、灭蝇蚊与蟑螂等。场内不要栽种高大树木，防止野鸟群集和结巢。

第十一，鸡场内不得饲养其他动物。鸡场职工和家属不得养鸡、鸟和其他家畜、宠物，不得外购鸡和鸡蛋，所需鸡和鸡蛋由场内供给。

（五）适时做好免疫接种

按免疫程序及时做好各项免疫，提高鸡的抵抗力。目前多数病毒性传染病疫苗和部分细菌疫苗，对于控制鸡的疾病的发生和传播起到了关键作用。应保证疫苗质量，按照科学的免疫程序和用量接种，确保免疫预防效果。

（六）坚持种鸡疾病的检疫净化

上述5个方面是种鸡疾病净化的基本条件，应在此基础上注意对种鸡的检疫净化。引种时，应选择品质优良、健康无病的种鸡。在饲养中要定期对鸡群健康水平和疾病状况进行监测，检出的阳性鸡要坚决淘汰。严格做好经蛋传递疾病的检疫和消毒工作。

（七）发现异常，及时查明原因，采取相应措施

留心观察鸡群状况，若发现鸡群异常应及时向兽医汇报，通过诊断查明原因；若是传染病则及早采取严格的检疫、隔离、消毒、封锁、预防接种、治疗和其他措施，以有效控制传染病传播，促使鸡群康复。若为饲养管理原因，则及时改进。

二、卫生与消毒

（一）常用消毒药物

鸡场常用消毒药物见表7–1。

表7–1　鸡场常用消毒剂及用法

药　名	用　途	用法及用量
甲酚皂	消毒鸡舍、器具等，外用于工作人员的手和皮肤消毒	配成5%溶液用于环境、用具喷洒消毒，2%溶液用于手及皮肤消毒
苛性钠（氢氧化钠）	杀菌及消毒作用较强，用于鸡舍、运动场、排泄物、塑料食槽、饮水器的消毒，对金属、人体和动物体有腐蚀作用	配成2%溶液泼洒及浸泡非金属用具

续表7-1

药　名	用　途	用法及用量
甲醛（福尔马林）	用于鸡舍、用具、孵化器及种蛋熏蒸消毒	4% 甲醛溶液喷洒，熏蒸消毒
氧化钙（生石灰）	用于鸡舍、运动场、道路、排泄物等消毒	配成 10% ～ 20% 石灰乳剂喷洒消毒
漂白粉	用于鸡舍、用具、排泄物及饮水消毒	配成 5% ～ 10% 溶液用于鸡舍、用具及排泄物的消毒，每吨水加 10 克漂白粉作为饮水消毒
苯扎溴铵	用于人手和皮肤、种蛋、用具消毒，忌与肥皂、盐类相混	配成 0.1% ～ 0.2% 溶液用于喷洒、洗涤消毒
过氧乙酸	用于鸡的体表、尸体、用具，污染物消毒；杀菌力强，对芽孢、真菌有一定的作用	配成 0.2% ～ 0.5% 溶液用于喷洒、洗涤消毒
高锰酸钾	用于冲洗外伤和饮水等消毒	配成 0.01% ～ 0.02% 溶液饮服可预防肠道传染病，0.05% ～ 0.1% 溶液可作为创伤或黏膜洗涤消毒
10% 癸甲溴铵	用于饮水、鸡舍、环境、用具、种蛋等消毒	配成 0.0025% ～ 0.005% 饮水消毒；0.015% 鸡体消毒；0.05% ～ 0.1% 环境、用具消毒
乙醇	用于皮肤和器械（针头、体温计等）的消毒	配成 75% 溶液用于喷洒、洗涤消毒
复合酚	用于鸡舍内外环境及用具消毒	配成 0.3% ～ 1.0% 溶液用于环境或用具喷洒、洗涤消毒
碘酊	用于皮肤的消毒	配成 2% 溶液用于涂抹消毒

（二）常用消毒方法及消毒对象

常规的卫生清扫（如空气干燥可先洒水）是做好环境卫生最为经济有效的方法，也是进一步使用药物消毒的基础。清扫清洗后可除去大部分病原体，再进行有效的喷雾和熏蒸消毒，可收到良好效果。在污染严重时，可加热碱水、石灰水浸洗，然后用大量水冲净。使用消毒药时，应在水洗干净并经干燥后进行，以防药液被稀释或妨碍药物渗透，影响效果。对地面、用具消毒，应特别注意角落和接缝处，这往往是细菌、病毒与虫卵的集中潜藏之处。此外，应考虑消毒者自身的安全，防止受消毒药物危害。

1. 鸡舍消毒 鸡舍消毒以鸡群转出鸡舍空闲之机和进鸡前进行全面消毒，在饲养使用状态下可以采取带鸡消毒，也可收到良好效果。

洒水清扫，勿使尘埃飞散。清扫出的尘埃垃圾要烧掉。平时鸡粪要集中发酵处理，而污染后的鸡粪和死鸡要焚烧或深埋处理。

天棚、上梁、墙角处积尘最多，必须充分清理干净，水泥地面可用2%火碱液浸洗，最后应进行药液喷雾或熏蒸消毒。空鸡舍密闭后按每立方米福尔马林30毫升，加入等量清水，再加入高锰酸钾24克，气体熏蒸12小时，然后自然通风。

带鸡消毒采取较低剂量，每立方米空间用福尔马林7毫升，水3～5毫升，高锰酸钾3.5克。也可用过氧乙酸配成0.2%～0.5%溶液喷雾消毒或配成3%～5%浓度，按每立方米空间5～10毫升加热熏蒸消毒。

2. 器具消毒 应随时清洗消毒，可在鸡舍内消毒，也可搬出消毒，但应防止污染扩散。能用高压蒸汽消毒的器材尽量使用蒸汽消毒，其他如粪板等可清洗消毒后放于日光下暴晒消毒。

3. 种蛋消毒 一般用0.1%新洁尔灭液浸洗5～10分钟。放入密闭容器内（如孵化箱中），按每立方米空间福尔马林30毫升加等量清水再加入15克高锰酸钾，熏蒸30分钟。孵化器具在每次孵化前后清洗消毒。

4. 鸡粪消毒 把从鸡舍清理出来的鸡粪及污染物、垃圾等，在指定场所堆积发酵，可外覆塑料膜以提高发酵效果。对污染重的鸡粪可焚烧或深埋处理。

5. 病死鸡消毒 凡鸡场病鸡或不明原因死鸡一律装密闭容器送兽医室剖检后，焚烧深埋或直接加生石灰深埋。

6. 饮水消毒 一般用4～8克漂白粉加水100升配制成10～20毫克/升的消毒水，也可加入其他饮水消毒剂，如0.01%康洁水溶液。

三、免疫接种

（一）预防接种方式及注意事项

现代土杂鸡饲养数量大、密度高，随时都可受到传染病的威胁。为了防患于未然，在平时就要有计划地对健康鸡群进行预防接种。鸡用疫苗种类较多，接种方式有皮下、皮内、肌内注射、点眼、滴鼻和皮肤刺种等6种个体接种方式，其免疫效果确实可靠，但费时费力；还有喷雾、饮水和混料等3种群体免疫方法，免疫省时省力，但免疫效果不太一致，个体差异较大。一般免疫接种后，经一定时间可获得数月至1年以上的免疫力。在预防接种时应注意以下事项：①疫苗要低温冷藏，特别是活疫苗更应注意，长时间运输要有冷藏设备，使用时不可将疫苗靠近高温或阳光暴晒。②使用前要逐瓶检查，注意疫苗瓶有无破损，封口是否严密。疫苗名称、产地、有效日期、使用剂量、批号和检验号在使用前应做好记录，以便出了问题查找原因，追究责任。③活苗要低温冷冻保存，灭活苗4～10℃保存，不得超过有效期。④疫苗注射器具，如注射器、针头、滴管与稀释液等均须消毒使用。⑤疫苗稀释液要求冷暗处存放并不得有杂质，一经开瓶须当天用完，用不完者则废弃。⑥饮水免疫要求水质清洁，最好加入0.2%脱脂奶粉以稳定免疫效果。不能使用金属容器，饮水免疫前应停止饮水4～6个小时，每只鸡的饮水量按鸡体大小以10～15毫升计算，要求0.5小时内饮完。⑦要了解和掌握本地区或本鸡场的疫病流行特点，有的放矢地购买和使用相应疫苗。⑧必须执行正确的免疫程序，按鸡的年龄、母源抗体水平和疫苗类型等因素结合免疫监测手段，制定和执行正确免疫程序。⑨对鸡群中发生的异常疫情可进行紧急预防接种，使健康或感染初期的鸡得到保护。⑩免疫接种后要加强饲养管理，减少应激因素。饲喂全价饲料，搞好环境卫生，防止病原入侵，减少免疫应激。

（二）免疫程序和方法

土杂鸡种鸡的免疫程序和方法见表7–2。肉用土杂鸡推荐免疫程序和方法见表7–3。

表7–2　土杂鸡种鸡推荐免疫程序和方法

免疫时间	免疫项目	疫苗名称	用　法
1日龄	马立克氏病	冻干苗或液氮苗	颈部皮下注射
5～7日龄	新城疫 传染性支气管炎	新城疫Ⅳ系–传支H120 二联疫苗	点眼滴鼻各1滴

续表7-2

免疫时间	免疫项目	疫苗名称	用　法
12～14日龄	传染性法氏囊病	中等毒力法氏囊二价冻干苗	滴口
	禽流感	禽流感（H5、H7、H9）三价灭活疫苗	肌内注射
18～21日龄	新城疫 传染性支气管炎	新城疫Ⅳ系－传支H120二联疫苗	饮水
25～30日龄	鸡痘	鸡痘冻干苗	刺种
35～38日龄	新城疫 传染性支气管炎	新城疫Ⅳ系－传支H52二联疫苗	饮水
40～45日龄	传染性喉气管炎	传染性喉气管炎冻干苗	饮水
60～65日龄	新城疫	新城疫Ⅳ系－传支H52二联疫苗	饮水
90～100日龄	传染性喉气管炎	传染性喉气管炎活疫苗	点眼、涂肛
110～120日龄	禽流感	禽流感（H5、H7、H9）三价灭活疫苗	肌内注射
120～130日龄	新城疫 传染性支气管炎 产蛋下降综合征	新城疫－传染性支气管炎多价－减蛋综合征油乳剂灭活苗	肌内注射

表7-3　肉用土杂鸡推荐免疫程序和方法

日　龄	疫苗种类	免疫次数	免疫剂量	免疫方法
1	马立克氏病疫苗	首免	0.2毫升	颈部皮下注射
4～10	传染性支气管炎H120弱毒苗	首免	0.03毫克	滴鼻
4～10	新城疫Ⅳ系弱毒菌	首免	1滴	点眼、滴鼻
14	传染性法氏囊病D78弱毒苗	首免	10毫升/只	饮水
30	传染性法氏囊病D78弱毒苗	二免	15毫升/只	饮水
50	新城疫－传染性喉气管炎二联灭活苗	二免	1.5毫升	肌内注射或皮下注射

注：以上免疫程序仅供参考，具体免疫种类应视当地疫病流行情况而定，免疫剂量可参考疫苗说明书。

（三）紧急预防和治疗

有些传染病尽管进行了疫苗预防接种，但由于各种因素的影响仍可发病，给养鸡业带来重大威胁，如传染性法氏囊病、新城疫等。特异性的高免血清和卵黄抗体具有被动免疫力，可用于紧急预防和治疗。

1. 高免血清　使用最广泛的为传染性法氏囊病高免血清、新城疫高免血清、禽霍乱高免血清等。抗体效价要求传染性法氏囊病高免血清效价在1∶16以上，新城疫HI效价在1∶28以上。高免血清要求采用冷冻保存，有效期1年。预防量0.3～0.5毫升，治疗量0.5～1毫升，皮下或肌内注射，溶化后一次用完，忌反复冻融。

2. 高免卵黄抗体　常用的有传染性法氏囊病卵黄抗体、新城疫卵黄抗体。抗体效价要求及保存同高免血清，预防量0.5～1毫升，治疗量1～2毫升。

四、疾病诊断

应充分贯彻“预防为主，治疗为辅”的疾病防治方针，早防早治，防患于未然。表7-4、表7-5列出土杂鸡常见病的诊断要点。为维护我国动物源性食品安全和公共卫生安全，根据《兽药管理条例》《饲料和饲料添加剂管理条例》有关规定，按照《遏制细菌耐药国家行动计划（2016—2020年）》和《全国遏制动物源细菌耐药行动计划（2017—2020年）》部署，农业农村部列出了饲养过程中禁用及可用兽药及饲料添加剂名录，详见“附录一　饲养动物兽药及添加剂使用规范及名录”。

表7-4　土杂鸡常见病诊断要点

类　别	病　名	临床症状	病理变化
病毒性疾病	新城疫	下痢，粪便黄绿色，张口呼吸，喘鸣音，病程长者间有腿麻痹、扭颈、震颤等神经症状	腺胃乳头出血，盲肠扁桃体及直肠末端出血，气管黏膜出血，心冠脂肪出血
	禽流感	多产薄壳蛋，蛋壳颜色变浅，破蛋增多，产蛋量下降，鸡头肿胀，流眼泪，呼吸急促，有喘鸣音，粪便呈黄白、黄绿或石灰水样，腿部有出血点	食管黏膜出血，泄殖腔严重出血，心冠脂肪不同程度出血同新城疫的病变，腺胃肿胀

续表7-4

类　别	病　名	临床症状	病理变化
病毒性疾病	传染性法氏囊病	2～10周龄多发，排米汤样、水样白色粪便，病雏精神不振，肛门周围沾满污粪	发病初期，法氏囊肿大，内有黄色透明的胶冻液。囊内皱褶水肿出血。5天后法氏囊急剧萎缩。胸肌、腿肌呈条状或斑点状出血
	传染性喉气管炎	伸颈张口呼吸，发出咯咯叫声，后期有强咳动作，常常咳出血痰	喉头和气管全长黏膜面上附着黄白色或血样渗出物
	传染性支气管炎	张口伸颈呼吸，带有啰音，精神不振，翼下垂，产蛋量下降，畸形蛋多	气管黏膜附有水样乃至粥样透明的黄色渗出物；肾肿大、苍白，卵泡膜充血、出血
	鸡痘	无羽部，尤其是鸡冠、肉垂、嘴角等处出痘，另外咽喉头、鼻腔、气管处有痘	皮肤无毛处黏膜部位出痘
	鸡腺胃炎	表现呆立，生长缓慢或停滞，大群整齐度差；大群粪便细软，部分腹泻，粪便中有未消化的饲料，后期排棕红色至黑色稀便；发病速度很快，3～5天就能发展到大群的80%以上	腺胃肿大如球状，切开腺胃明显外翻、增厚、水肿，腺胃乳头不清晰。肌胃黄褐色，呈烧伤状、变薄，严重的穿孔。嗉囊内有大量的白色豆渣样覆盖物。胸腺、脾脏及法氏囊萎缩，肠壁变薄，肠道有不同程度的出血性炎症
细菌性疾病	传染性鼻炎	流鼻液，浮肿，流泪，肉垂浮肿	卡他性支气管炎，气囊炎
	慢性呼吸道病	流鼻液、流泪，食欲减退，眼肿，生长缓慢	喉头和气管黏膜淡红色、肿胀，气管内潴留大量黏液，黏膜增厚
	雏鸡白痢	雏鸡下痢，呈白色黏稠状，粪便常粘在肛门周围羽毛上	肝脏呈土黄色，脾肿大，间有肺炎、心包炎、腹膜炎、关节炎
	大肠杆菌病	不分品种和日龄，环境卫生差的鸡群多发，下痢，粪便呈白色或黄绿色，间有呼吸困难，眼肿胀	心包炎、肝周炎，肉芽肿，卵黄样腹膜炎，全眼球炎，肠道弥漫性出血
	禽霍乱	急性：肥胖高产鸡或将开产母鸡出现零星突发死亡（多在夜间） 慢性：拉稀，跛行，肉髯水肿	心肌、心内膜出血，皮下脂肪、心冠脂肪有点状出血；肝表面可见出血斑和针尖大小出血点，慢性过程肝脏常见灰白色小坏死点。卵巢出现软卵、破卵，卵黄流入腹腔
支原体性疾病	鸡滑液囊支原体病	跗关节、趾关节肿大，瘸腿，导致死淘率增加。种鸡感染表现为产蛋率下降，孵化率降低，并可垂直传播给后代仔鸡。肉仔鸡发病后，生长缓慢，饲料报酬低，胴体等级下降	侵害关节的滑液囊膜和腱鞘，引起渗出性滑膜炎、腱鞘滑膜炎及黏液囊炎

续表7-4

类　别	病　名	临床症状	病理变化
原虫病	球虫病	15～60日龄多发，红棕色粪便	盲肠、小肠肿大，充满血液或凝血块
	鸡住白细胞虫病	贫血，下痢，粪便呈黄绿色，咳血，发育迟缓、产蛋下降，脚软	肺、肾等内脏器官出血，肝脾肿大、出血，有时有肠炎。肌肉或肝脏等脏器有白色结节为本病特征
	鸡传染性盲肠肝炎	下痢、粪便中有凝血块或烂肉样物，食欲渐进性减退	盲肠肿大、变硬，横切断面可见血红黄白间杂呈同心圆环状干酪样物质。肝肿大，表面有中心凹陷呈黄绿色或灰绿色边缘稍隆起的坏死病灶
营养代谢病	蛋白质与氨基酸缺乏病	缺乏赖氨酸时雏禽生长滞缓，皮下脂肪减少，骨骼钙化失常	
		缺乏蛋氨酸时家禽发育不良，肌肉萎缩，羽毛变质，肝、肾功能破坏	
		缺乏甘氨酸时出现麻痹、羽毛发育不良	
		缬氨酸不足时生长停滞，运动失调	
		精氨酸缺乏时体重迅速下降、羽毛上卷蓬乱，公禽精子活力差	
	维生素缺乏病	缺乏维生素A：抗病力下降，被毛蓬乱，步态不稳，以尾支地。干眼病是其典型病变	鼻腔充满黏液，鼻道、口腔、食管和咽部有白色小脓疱或溃疡病灶
		缺乏维生素D：生长不良，薄壳蛋、软壳蛋多，母鸡呈“企鹅式”蹲坐，佝偻病	骨骼变形，脊背在荐尾部向下弯曲，胸郭内陷，骨骼变软易折，骨骺钙化不全
		缺乏维生素E：孵化率下降，4胚龄胚胎死亡增多，公禽睾丸退化、变性。雏禽皮下组织水肿，隔皮可见蓝绿色黏性体液积聚	肌肉变性、呈灰白色，白肌病；神经功能失常，步态不稳，脑软化病
		缺乏维生素B_1：成年鸡脚软，羽蓬乱，冠发蓝；雏鸡蹲伏，头后仰，呈“观星状”姿势	皮肤广泛水肿，胃肠炎，母鸡肾上腺肥大，公鸡睾丸萎缩
		缺乏维生素B_2：雏鸡衰弱、消瘦、不愿行走，趾爪内弯。母鸡产蛋率下降，死胚增多	雏鸡肠道内多泡沫状内容物，坐骨神经明显肿大，肝脏增大、多脂肪

续表7-4

类　别	病　名	临床症状	病理变化
营养代谢病	维生素缺乏病	缺乏胆碱：骨短粗	跗关节点状出血，关节软骨变形，严重者跟腱脱落
		缺乏生物素：骨短粗，皮炎，肉鸡可呈股骨头坏死	肝、肾、心脏呈脂肪性浸润
	矿物质元素缺乏病	钙磷缺乏：引起佝偻症，生长缓慢，骨骼脆软，严重者两腿变形，八字腿外展。产蛋量下降，产薄壳蛋	雏鸡常死于右心衰竭并伴有腹水
		锰缺乏：腿骨粗短、肿胀，发生“脱腱症”，腿外翻，严重者不能站立行走。产蛋量减少、孵化率降低	20胚龄死亡多，死胚腿短、鹦鹉嘴、腹水病
		硒缺乏：雏鸡减食、呆立、腿外展、缩颈、垂翅、跗关节着地或匍匐，群中较大者易发病，鹅样步伐	雏鸡白肌病和渗出性素质。腿、胸肌可见白色条纹，胸、腹、翅、腿皮下有胶冻状浸润，肝发黄，心肌有灰白性坏死灶，心包液增多
		锌缺乏：雏鸡体质衰弱，受惊时易呼吸困难，生长鸡胫骨短粗，关节膨大，产薄壳蛋，出雏率低，弱雏多，关节炎步态	胚胎发生无腿、翅畸形等异常

表7-5　由症状和病变识别鸡病

检查项目	异常变化	预示的主要疾病和问题
饮水	饮水量剧增	长期缺水，热应激，球虫病早期，饲料中食盐太多，其他热性病
	饮水量明显减少	温度太低，濒死期，药物异味
粪便	红色	球虫病
	白色黏性	鸡白痢，痛风、尿酸盐代谢障碍
	硫黄样	组织滴虫病
	黄绿色带黏液	新城疫，禽霍乱，住白细胞虫病等
	水样、稀薄	饮水过多，饲料中镁离子过多，轮状病毒感染，传染性法氏囊病等
病程	突然死亡	禽出败，住白细胞虫病，中毒病
	中午到午夜前死亡	中暑

续表7-5

检查项目	异常变化	预示的主要疾病和问题
神经症状和运动障碍	瘫痪，一脚向前，一脚向后	马立克病
	1月龄内雏鸡瘫痪	传染性脑脊髓炎，新城疫
	扭颈，抬头望天，前冲后退，转圈运动	新城疫，维生素E和硒缺乏，维生素B_1缺乏
	颈麻痹，平铺地面上	肉毒梭菌毒素中毒
	颈麻痹，趾卷曲	维生素B_2缺乏
	腿骨弯曲，运动障碍，关节肿大	维生素D缺乏，钙、磷缺乏，病毒性关节炎，滑膜支原体病、葡萄球菌病，锰缺乏病，胆碱缺乏
	瘫痪	笼养鸡疲劳症，维生素E及硒缺乏，虫媒病毒病，新城疫
	高度兴奋，不断奔走鸣叫	呋喃唑酮中毒，其他中毒病初期
呼吸	张口伸颈，有怪叫声	新城疫，传染性喉气管炎
冠	痘痂，痘斑	禽痘
	苍白	住白细胞虫病，白血病，营养缺乏
	紫蓝色	败血症，中毒病
	白色斑点或斑块	冠癣
	萎缩	白血病
肉髯	水肿	慢性禽霍乱，传染性鼻炎
	白色斑点或白色斑块	冠癣
眼	充血	中暑，传染性喉气管炎等
	虹膜褪色，瞳孔缩小	马立克病
	角膜晶状体混浊	传染性脑脊髓炎等
	眼结膜肿胀，眼睑下有干酪样物	大肠杆菌病，慢性呼吸道病，传染性喉气管炎，沙门氏菌病，曲霉菌病，维生素A缺乏等
	流泪，有虫体	嗜眼吸虫病，眼线虫病
输卵管	左侧输卵管细小	传染性支气管炎
	充血，出血	滴虫病，鸡白痢，鸡败血支原体感染等
法氏囊	肿大	新城疫，白血病，传染性法氏囊病
	出血，囊腔内渗出物增多	传染性法氏囊病，新城疫
脑	脑膜充血，出血	中暑，细菌性感染，中毒
	小脑出血	维生素E和硒缺乏

续表7-5

检查项目	异常变化	预示的主要疾病和问题
四肢	骨髓黄色	包含体性肝炎，住白细胞虫病，磺胺中毒
	骨质松软	钙、磷和维生素D等营养缺乏病
	脱腱	锰或胆碱缺乏
	关节炎	葡萄球菌病，大肠杆菌病，滑膜支原体病，病毒性关节炎，鸡白痢，营养缺乏病等
	臂神经和坐骨神经肿胀	马立克氏病，维生素 B_2 缺乏症
受精率	受精率低	种蛋陈旧，或被剧烈震动，或保存条件不当；公鸡太老，跛行，营养缺乏，热应激；母鸡营养缺乏；鸡群感染某些传染病；近亲繁殖
	畸形蛋	新城疫，传染性支气管炎，产蛋下降综合征，初产蛋，老龄禽
	软壳蛋、薄壳蛋	钙和磷不足或比例不当，维生素D缺乏，新城疫，传染性支气管炎，产蛋下降综合征，毛滴虫病，老龄禽，大量使用某些药物，其他营养缺乏病
	蛋壳粗糙	新城疫，传染性支气管炎，钙过多，大量应用某些药物，老龄禽
	异常白壳或黄壳	大量使用四环素及某些带黄色易沉淀的物质
	棕壳变白壳	使用泰乐加等药物，新城疫，传染性喉气管炎等
	花斑壳	遗传因素，产蛋箱不清洁，霉菌感染
气室	变大	蛋被粗暴处理，蛋白稀薄，陈旧蛋，某些传染病
蛋白	粉红色	饲料中棉籽饼太多，饮水中铁离子偏高，腐败菌侵袭
	蛋白稀薄	传染性支气管炎，新城疫，使用磺胺药或某些驱虫剂，老龄禽，腐败菌侵袭等
	云雾状	贮存温度太低
	蛋白内有气泡	运输震动
	有异味	鱼粉、药物或有异味的饲料，蛋腐败
	血斑、肉斑	生殖道出血，维生素A缺乏，光照不适当，异常的声音，遗传因素
	系带松弛或断脱	蛋陈旧，过分震动等

续表7-5

检查项目	异常变化	预示的主要疾病和问题
蛋黄	稀薄	陈旧蛋，营养缺乏
	橙红色	棉籽饼或某些色素物质偏高
	灰白色	某些传染病的影响、饲料缺乏黄色素，维生素A和B族维生素缺乏等
	绿色	饲料中叶绿素酸钠过多
	异味	鱼粉或其他有异味的饲料，蛋腐败
	血斑、肉斑	生殖道出血，维生素A缺乏，光照不适当，异常的声音，遗传因素
	乳酪样	贮存温度太低，饲料中棉籽饼太多
产蛋率	从开产起一直偏低	遗传性，超重，营养不良，某些疾病的影响等
	突然下降	产蛋下降综合征，新城疫，高温环境，中毒，使用某些药物等

第八章 土杂鸡鸡蛋生产

土杂蛋鸡的饲养方式有平养和笼养两大类。笼养管理效率高，有利于卫生防疫，但设备投资较大。虽然现代商品蛋鸡的饲养趋势向笼养发展，但仍有相当比例仍采用平养方式，特别是边远山区、农区专业养鸡户。

一、产蛋鸡舍及产蛋前准备

（一）产蛋鸡舍

产蛋鸡舍的类型有两种：开放式鸡舍和环境控制鸡舍。这些鸡舍中使用的设备详见第三章。

1. 卫生消毒 转群前应有充分的时间（至少2周）进行蛋鸡舍的检修、清扫及消毒工作。具体操作过程参见第七章的有关内容。

2. 鸡舍地面类型 当用垫料平养时，地面应是三合土或混凝土。混凝土地面易于保持清洁和保养，如果新鸡群入舍以前将混凝土地面打扫干净，病菌传播给下一批鸡的可能性极小。

地面上可铺7～10厘米厚的垫料进行全垫料平养，也可以是部分条板加部分垫料、部分金属网加部分扩建料、全条板或全金属网。

3. 蛋鸡设备 有关产蛋鸡舍所需设备及数量见表8-1。

表8-1 喂料和饮水设备及产蛋箱需要量

项目	平养（地面或网上）	笼养
饲槽长度（厘米/只）	8	8

续表8-1

项　目	平养（地面或网上）	笼　养
吊式料桶（个/100只）	4	
水槽长度（厘米/只）	5	5
乳头式饮水器（只/个）	6	4
吊塔式饮水器（只/个）	60	
产蛋箱（只/个）	5	

（二）转群

育成鸡转入产蛋鸡舍的时间应在14～21周龄。因此，产蛋鸡舍在新母鸡产蛋前的一段时间内就被用作育成鸡舍。由于近年来选育的结果，鸡的开产日龄已提前。因此，转群最好能在16周龄前进行，并完成疫苗接种。对发育较快的鸡群，应视情况提早完成转群工作。若转群前体重已达性成熟体重，应先改用产蛋料，不要等转群后再换饲料。

二、生产特点与阶段饲养

（一）生产特点

育成期结束以后，便进入产蛋期（20周龄以后）。产蛋母鸡又称成年鸡（简称成鸡）。成鸡在第一个产蛋周期体重、蛋重和产蛋量方面均有一定规律性的变化。依据这些变化的特点，可将母鸡的第一个产蛋年划分为3个阶段。

1. 产蛋上升阶段　鸡群产第一枚蛋开始至产蛋期的第6或第7周，为产蛋上升阶段。前2周产蛋不正常，表现为产蛋间隔长，产双黄蛋、软壳蛋、异状蛋和小蛋。在产蛋率上，该阶段每周产蛋率上升很快，成倍地增长，即5%、10%、20%、40%、80%。蛋重、体重增加也较快，生理上更进一步发育成熟。

2. 产蛋高峰阶段　从产蛋第7周开始到产蛋的第17周，产蛋母鸡进入较高的产蛋率——产蛋高峰阶段，高峰阶段的产蛋率在90%左右。产蛋高峰稳定期的长短因品种、饲养管理水平不同而异，短的不足10周，长的可达14周左右。该阶段鸡的体重、蛋重均略有增加。

3. 产蛋下降阶段 产蛋高峰过后，从产蛋 18 周开始到产蛋 52 周，每周产蛋率下降 0.5% ～ 1%。至产蛋的 52 周，产蛋下降到 65% ～ 70%。该阶段体重、蛋重增加则很少。

（二）阶段饲养

产蛋鸡的阶段饲养是指根据鸡群的产蛋率和周龄，将产蛋期分为若干阶段，并根据环境温度喂以不同水平蛋白质、能量和钙质的饲料，从而达到既满足鸡营养需要，又节约饲料的目的。

1. 两段饲养法 开产至 42 周龄为产蛋前期，42 周龄以后则为产蛋后期。表 8–2 为两段饲养法的给料标准。

表 8–2 不同气温条件下饲料代谢能及蛋白质含量

饲料代谢能（兆焦／千克）	饲料蛋白质含量（%）			
	产蛋前期		产蛋后期	
	普通气温	炎热气温	普通气温	炎热气温
11.05	14.7	16.3	13.2	14.6
11.51	15.3	17.0	13.8	15.2
11.97	15.9	17.7	14.3	15.8
12.43	16.6	18.4	14.9	16.5
12.89	17.2	19.1	15.4	17.1
13.35	17.8	19.7	16.0	17.7

也有人以 50 周龄为界，将产蛋期划分为两个阶段，产蛋前期喂较高水平的蛋白质日粮，蛋白质水平为 16% 或 17%；产蛋后期日粮蛋白质水平降为 14% 或 15%。

2. 三阶段饲养法 三阶段饲养法是目前较为普遍采用的饲养法，通常按周龄划分。第一阶段（产蛋前期）自开产至产蛋的第 20 周；第二阶段（产蛋中期）从产蛋第 21 周到 40 周；第三阶段（产蛋后期）产蛋 40 周以后。

产蛋前期母鸡的繁殖功能旺盛，代谢强大。母鸡除迅速提高产蛋率达到产蛋高峰并维持一段高峰期外，还要较快地增加体重（约 400 克）以达到完全成熟。因此，该阶段要注意提高饲粮的蛋白质、矿物质和维生素水平，加强饲养管理，不要让鸡群遭受应激，并保证饲料的质量。

第二、第三阶段母鸡体重几乎不再增加，产蛋率下降，但蛋重仍略有增加，故可降低饲粮中蛋白质水平，但应注意钙水平的提高，因为母鸡40周龄后钙的代谢能力降低。

以产蛋率为主要依据的三阶段划分：第一阶段从开产至高峰后产蛋率降至75%为止，每天的蛋白质进食量应为每只鸡16克；当产蛋率降至65%～60%时为第二阶段，蛋白质饲喂量减至14克；等产蛋率降至60%～55%时为第三阶段，蛋白质给量每天仅为13克。

不同环境温度条件下的能量、蛋白质及钙的水平见表8-3。

表8-3　不同温度下三阶段饲养法营养水平

温　度（℃）	代谢能（兆焦/千克）	前　期		中　期		后　期	
		蛋白质（%）	钙（%）	蛋白质（%）	钙（%）	蛋白质（%）	钙（%）
10～13	12.9	17.0	3.2	15.5	3.0	14.0	3.2
18～21	11.98	18.0	3.2	16.5	3.2	15.0	3.4
29～35	11.06	19.0	3.4	17.5	3.4	16.0	3.7

应注意的是，在炎热季节，蛋鸡的采食量可能降低10%～15%，势必减少蛋白质进食量。因此，在产蛋中、后期如遇炎热天气，不宜降低日粮中蛋白质水平，计算母鸡每天的蛋白质进食量要比日粮蛋白质水平更有实际意义。

（三）产蛋期的限制饲养

1. 限制饲养优点　对产蛋土杂鸡，特别是中型蛋鸡在产蛋中、后期实行限制饲养，可起到不降低正常蛋量但能节省饲料，提高每只蛋鸡纯收益的目的。另外，还可以防止产蛋后期因摄食过量沉积过多脂肪从而影响产蛋率。

2. 限饲的时间　应在鸡群产蛋高峰后2周开始限制饲养。从开始产蛋直到产蛋高峰过后2周，应当一直采取自由采食。

3. 限饲的方法　在产蛋高峰过后，将每100只鸡每天饲料摄取量减少200克，连续3～4天。假如限饲未使产蛋量比正常情况（产蛋标准）下降得更多，则继续数天使用这一喂料量，然后再一次尝试相同的减量。只要产蛋量下降不异常，这一减量方法可一直继续下去。如果产蛋量下降异常，就将饲料供给量恢复到前一个水平。累计减少饲料量一般在 8% ～ 10%。当鸡群受应激或气候异常寒冷时，不要减少饲料量。

（四）产蛋鸡的限制饮水

为减少粪便中的水分，可限制饮水量。方法是让鸡饮水 15 分钟，饮后 2 ～ 4 个小时不给水。在整个光照时间内重复这一过程。随水的消耗量减少，粪便中的水分可减少 7% 之多。

应注意在热天，鸡的饮水量要增加 1 ～ 2 倍，饮水不足会造成惨重损失。因此，天热不能限制饮水。

（五）补钙

产蛋期间饲料中钙的含量一般在 3.5% ～ 4.0%，钙的含量过高会影响适口性，也会影响其他矿物质的吸收。产蛋期自始至终饲料中 50% 的钙要以大颗粒（3 ～ 5 毫米）的形式供给。一方面可延长钙在消化道的停留时间，提高利用率；另一方面也可起到让鸡根据需要，调节钙摄入量的目的。

三、平养产蛋鸡的饲养管理

（一）鸡舍环境的控制

1. 光照 产蛋期光照的原则是只能延长不能减少。一般在 17 ～ 18 周龄，若育成鸡体重达到标准，则开始每周延长光照 0.5 小时或 1 小时，并增加光照强度至 10 勒克斯以上。在密闭式鸡舍，增加光照长度至 15 小时为止；在开放式鸡舍，增加光照至 16 ～ 17 小时为止。此后维持 15 小时或 16 ～ 17 小时固定光照，直至产蛋期结束。在开放式鸡舍，为简便光照时间的管理，任何季节都可定为早 4 时开灯，日出后关灯，日落后再开灯至 20 ～ 21 时关灯。

2. 温度 蛋鸡最佳舍温是 20 ～ 25℃。但在实际生产中，密闭鸡舍的环境温度也不能维持恒定，所以，不必追求过窄的温度范围，力求使舍温控制在 4 ～ 30℃范围内。

（1）防暑降温措施　当环境温度过高时，产蛋量会急剧下降，许多蛋鸡可能死于热衰竭。因此，应采取措施降低舍内温度：①开放式鸡舍。增加通风，用风扇加速空气流动。喷洒水雾，用洒水器间歇喷洒鸡舍屋顶，在舍外四周洒水。鸡舍结构允许，可在舍内与天花板之间设置绝热层。屋顶无喷水器可刷1层白漆或铺厚白塑料布，使产蛋箱凉爽（敞开箱背部的板）。供给新鲜凉水，增加饮水槽位，在早晚凉爽时喂新鲜饲料。②密闭鸡舍。鸡舍绝热性能要好，舍内使用水雾发生器，风扇全速运转，使用蒸发垫等。

（2）防寒保温措施　①采用结构良好的鸡舍，保证良好的绝热性能。②北方地区的密闭鸡舍应有暖气设备，开放式鸡舍应生火炉或设置暖墙。③在有害气体不超标的情况下，减少通风换气量和舍内风速。④防止冷风吹袭鸡体。鸡舍的冷风来自门窗、进气口、风筒、出粪口等处，应堵塞或安装插板防寒。⑤要防止鸡羽毛淋湿，防止鸡伏卧在潮湿的垫料上及喝冰冻的冷水。潮湿垫料应去除并加干燥垫料。⑥防止鸡舍内湿度过大，水槽内不应添加过多或采用限制饮水措施，注意检查饮水器和供水管道有无漏水现象。⑦为鸡提供较高能量的日粮。

3. 湿度　最佳湿度为60%～65%，只要温度合适，相对湿度控制在40%～72%，鸡也能较好地适应。避免高温、高湿或低温、高湿对鸡的危害。

4. 通风　保持并改善舍内空气质量的有效办法是通风。在舍内温度低于20℃时，在有害气体浓度不高于允许量的前提下，应尽量减少通风量，以保持鸡体散发的热量。当舍温达到或超过27℃时，以降温为主，加大通风量，促进鸡体散热。当舍温在20～27℃范围内时，可根据体重和当时气温，调节通风量。

夏季风速以每秒0.5米为宜，冬季气流速度以每秒0.1～0.2米为宜。

（二）饲养密度

饲养密度与饲养方式密切相关，不同平养方式下蛋鸡的饲养密度见表8-4。

表8-4　平养商品产蛋鸡的饲养密度　（单位：只/米^2）

蛋鸡类型	全垫料地面	网上平养	网平混合
轻型蛋鸡	6.2	11.0	7.2
中型蛋鸡	5.3	8.3	6.2

以上有关饲养密度的建议仅供参考，饲养者可根据实际情况做适当调整。例如，密闭式鸡舍饲养密度一般可高于开放式鸡舍。

（三）产蛋箱的管理

产蛋箱管理恰当，有助于生产清洁卫生鸡蛋，同时还可以减少蛋的破损率。

1. 夜间应关闭产蛋箱 母鸡通常在光照开始后 1 ～ 2 小时开始产蛋，并且多集中在上午时间，晚上几乎不产蛋（表 8-5）。因此，为防止产蛋鸡在产蛋箱过夜，晚上熄灯前应将产蛋箱关闭，并检查里面是否留有母鸡。如果有，应将其赶出。晚上空出产蛋箱可以保持垫料清洁和蛋的卫生，并可防止抱窝。另外，应保证在早晨鸡开始产蛋前将产蛋箱打开。

表 8-5 光照开始时间与产蛋的关系

光照开始后时数（小时）	1	2 ～ 3	4 ～ 5	6 ～ 7	8 ～ 9	10 ～ 11
占日产量的比例（%）	极少	40	30	20	10	极少

2. 食用蛋的收集 食用蛋在冷天每天至少应收蛋 3 次，在热天则每天收蛋 4 次。全天不论何时，在产蛋箱中的蛋越少，蛋的破损也就越少。不要让蛋在产蛋箱中过夜，每天晚上关闭产蛋箱时，应将蛋全部取出。

3. 蛋箱的垫料 任何质优、无尘、干燥的材料都可用作产蛋箱的垫料，如木刨花、稻壳、花生壳、地毯残片、碎纸、切碎的玉米芯、稻草、干草、干燥的甘蔗渣和泥炭等。平时要防止垫料潮湿和不洁而造成蛋的污染，在必要时应添加新垫料以保证产蛋箱底面不裸露。

4. 地面蛋的防止 地面蛋往往受到污染并多破损，且集蛋很费工，造成极大浪费。下列措施有助于引导母鸡在产蛋箱中产蛋：①用物挡住鸡舍的角落，角落是鸡最爱产地面蛋的地方。②在鸡群开产前 1 周要打开产蛋箱，并铺上垫料，让新母鸡逐渐熟悉产蛋箱。③产蛋箱的排列最好与鸡舍纵向垂直，使用遮光产蛋箱，要盖住产蛋箱前部开口的上部和后上部使箱内幽暗，但天热时要特别留心，因为这样做可能造成产蛋箱内太热。④要有足够数量的产蛋箱。另外，单格产蛋箱比共用产蛋箱有助于减少地面蛋。⑤斜底产蛋箱底面通常是金属网，鸡在最初拒绝进入。在开产前，在箱内放入稻草或较粗的垫料或铺以产蛋箱垫，引导母鸡在里面产蛋，并于产蛋最初 2 周内不移去垫料，用手工集蛋。⑥保持产蛋箱内有清洁和充足的垫料。垫料潮湿和不足会给母鸡带来不适，造成鸡不愿进入产蛋箱产蛋。⑦将抱窝的鸡从产蛋箱抱走，因为抱窝鸡会占据产蛋箱而迫使其他鸡在别处产蛋。对抱窝鸡可将其关入笼中，抱窝现象在2～3天内即可消除。

（四）产蛋鸡的日常管理

1. 鸡群的日常观察 观察鸡群是产蛋鸡日常管理中最经常、最重要的工作之一。只有及时掌握鸡群的健康及产蛋情况，才能及时准确地发现问题，并采取改进措施，保证鸡群健康和高产。

第一，观看鸡群精神状态、粪便、羽毛、冠髯、脚爪和呼吸等方面有无异常。若发现异常情况应及时报告有关人员，有病鸡应及时隔离或淘汰。观看鸡群可结合早晚开关灯、饮喂、捡蛋时进行。夜间闭灯后倾听鸡只有无呼吸异常声音，如呼噜、咳嗽、喷嚏等。

第二，喂料给水时，要注意观察饲槽、水槽的结构和数量是否适应鸡的采食和饮水需要。注意每天是否有剩料余水、单个鸡的少食、频食或食欲废绝和恃强凌弱而弱者吃不上等现象发生，以及饲料是否存在质量问题。

第三，观察舍温的变化，通风、供水、供料和光照系统等有无异常，发现问题及时解决。

第四，观察有无啄肛、啄蛋、啄羽鸡，一旦发现，要把啄鸡和被啄鸡挑出隔离，分析原因找出对策。对严重啄蛋的鸡要立即淘汰。

第五，及时淘汰7月龄左右仍未开产的鸡和开产后不久就换羽的鸡。前者一般表现耻骨尚未开张，喙、胫色素未褪，全身羽毛完整而有光泽，腹部常有硬块脂肪。产蛋后期淘汰停产鸡和一些体小身轻或过于肥大或已瘫痪的鸡。停产鸡表现为冠小而皱缩，粗糙而苍白，耻骨间距小、不够二指宽等现象。

2. 定期称重 40周龄前体重检测是产蛋期十分重要的工作，应每周测重1次。鸡群若未能维持适当的体重，就不能达到理想的产蛋率。40周龄后，每4周测重1次，帮助饲养者判断鸡群是否正常。

3. 按时完成日常作业 每天喂料、喂水、捡蛋、光照开关及清粪作业等要按规定的作业程序，准时进行与完成，不得打乱规定的作业程序。

4. 卫生防疫 注意保持鸡舍内外的清洁卫生，经常洗刷水槽、料槽和饲喂用具等，并定期消毒。

5. 保持安静环境 任何环境条件的变化都能引起应激反应，如抓鸡、换料、停水、改变光照制度、飞鸟窜入与巨大声响等。应激会给产蛋鸡带来不良影响，如食欲不振，精神紧张，产蛋量下降、产软蛋，严重者会造成鸡的死亡。鸡一旦遭受应激，数天才能恢复正常。因此，鸡舍应固定饲养人员，作业时动作要轻而稳，减少进出鸡舍次数。不要在舍内大声喧哗，还要注意防止飞鸟、老鼠及野兽等窜入鸡舍。鸡舍外的作业也应注意，减少突然事故发生。

6. 做好记录工作 生产记录反映了鸡群的实际生产动态和日常活动的多种情况。通过它可以及时了解生产，指导生产。日常管理中对某些项目，如产蛋量、耗料量、死淘数、舍温、体重及异常情况等都须每天记载，对存栏鸡的产蛋率、成活率、蛋重和日采食饲料量等最好绘成曲线，并与品系标准相对照，及时找出存在问题或不足。

7. 防止饲料浪费 蛋鸡饲料成本占总成本的 60% ～ 70%，节约饲料能明显提高经济效益。防止饲料浪费应采取的主要措施有：①保证饲料的全价性。饲料营养不全面，耗量多反而达不到理想生产效果。②保证饲料的质量，不喂发霉变质的饲料。③料槽结构要合理。料槽太小、太浅，自动给料桶底盘无檐或圆桶与底盘间隙不当等都会浪费饲料。④饲料添加量不可过多，一般为槽高的 1/3，人工添料要防止抛撒在槽外。⑤饲料粉碎不能过细，否则易造成鸡采食困难并“粉尘”飞扬。⑥及时淘汰低产鸡和停产鸡。⑦产蛋中、后期采取限制饲养方案。⑧提高饲养员的责任心。节约饲料应作为考核的重要方面，并与其收入挂钩。⑨为蛋鸡提供良好的生活环境，包括适宜的温、湿度和良好的通风等。

四、笼养产蛋鸡的饲养管理

商品蛋鸡的规模饲养多采用笼养，这里主要就笼养产蛋鸡的饲养管理要点加以阐述。应予说明的是，上述平养鸡的饲养管理原则和措施很大一部分也适用于笼养蛋鸡。

（一）迁入蛋鸡笼的时间与饲养密度

1. 迁入蛋鸡笼的时间 应根据性成熟的早晚而定，一般在 14 ～ 20 周龄。现代蛋用型鸡由于对开产日龄的选择，使性成熟大大提前，多数蛋鸡种在18周龄开始产蛋。因此，大多育种公司建议在16周龄前转群。另外，转群时机的确定还要考虑到育成舍和产蛋舍的具体情况。如果育成舍的设备不够用，可早一些转群，但是，产蛋舍还未准备好或未进行彻底消毒，就不要急着转群。

2. 饲养密度　饲养密度高会降低蛋鸡的生产性能，但是降低饲养密度又会加大每只鸡的投资成本。因此，适宜的饲养密度（表8-6）是获取更多利润的关键之一。

表8-6　每只新产蛋母鸡笼底面积需要量　（单位：厘米^2/只）

项　目	小型土杂鸡	普通土杂鸡	中型鸡
笼底面积	355	452	549

对于1个30厘米×45厘米的标准鸡笼养3只鸡效果最好。如果每个笼养产蛋鸡多，单鸡占用笼底面积少，会带来一些问题：①死亡率增加；②产蛋率下降；③入舍母鸡产蛋数减少；④蛋壳品质下降；⑤啄癖等管理问题增加；⑥每只鸡的净收入下降。

（二）降低破损蛋及减少破损蛋的措施

蛋鸡笼养时，蛋破损率要大于平养。破损蛋的商品价值降低，因而当破损率高时，会给饲养者带来较大的经济损失。因此，蛋鸡笼养时应采取降低破损率的有效措施。

1. 破损蛋的原因　蛋壳品质与破损蛋发生率有紧密关系。引起破损蛋的发生，既有蛋鸡的遗传和生理因素，又有饲养管理因素。

（1）遗传因素　破损蛋受遗传因素的影响，不同品系鸡，破损率存在差异。

（2）连产期中产蛋先后　在一个连产期中，头几只蛋的蛋壳品质优于后产的蛋。

（3）产蛋期长短　产蛋持续期越长，蛋壳品质就变得越差。在产蛋后期，由于母鸡对钙的利用率下降，致使蛋壳品质下降。

（4）环境温度　温度越高，则蛋壳品质越差。

（5）疾病　某些特定的呼吸道疾病，例如，支气管炎和新城疫等，都能使蛋壳品质显著恶化。

（6）湿度　空气湿度过大会降低蛋壳抗破损强度。

（7）外在因素　由于蛋壳质量不良，再加上一些外在因素，如笼子材料不好，集蛋时碰撞，鸡蛋分级处理过程中的不当操作等都会造成蛋的破损。

2. 减少破损蛋的措施　①选择蛋壳质量好的品系进行饲养。②使用高质量的鸡笼。鸡笼底钢丝太粗、弹性差、倾斜度过大都会增加蛋的破损率。蛋槽变形弯曲、开焊、断头或笼前网下未设护蛋板等鸡笼质量问题，都会使鸡蛋的破损增加。③每笼内养鸡数不能太多。太拥挤会增加破损蛋率。④增加每天捡蛋次数。如集蛋槽中已有蛋存在，后产的蛋在滚下时会与其相撞而破损。特别是在夏季和对处于产蛋后期的鸡群，更应增加捡蛋次数。⑤尽量避免鸡的应激，以免造成破损蛋增加。外界不要有高音和强烈刺激的声音，禁止外来人员参观鸡群，不要改变日常的饲养管理程序；尽量避免鸡的惊群，尤其是上午鸡群产蛋集中的时间；防止野兽、鸟类进入鸡舍；产蛋期要避免或减少疫苗接种。⑥开展降低破损蛋的业务训练。在检查放蛋、分级过程和运蛋过程中，要轻拿轻放，防止剧烈震动。蛋盘叠层时，槽位要摆放对。使用蛋筐盛蛋时，装蛋不能过多。装运鸡蛋的推车和汽车行速要慢，产蛋末期，更应小心处置。⑦要注意防止任何自动化集蛋装置造成的破损蛋的增加。应检查传送带的质地、传送速度和具有棱角的机械部分。⑧如果蛋壳的质量持续低劣，应检查所用日粮是否存在质量问题。钙、磷比例和含量是否合适，有无维生素、微量元素缺乏等营养问题。⑨为产蛋鸡提供适宜的温度湿度、清洁的空气等环境条件。做好育成期的疫苗接种工作，防止呼吸道疾病的发生。

（三）笼养蛋鸡常见疾病

1. 笼养蛋鸡疲劳症　笼养蛋鸡疲劳症是现代蛋鸡最重要的骨骼疾病。主要症状是长期产蛋后站立困难，身体保持垂直位置，不能控制自己的两腿，常常侧卧，严重时导致瘫痪或骨折。产蛋量、蛋壳质量和蛋的质量通常并不降低。解剖时骨骼易断裂，腿骨、翼骨和胸椎可见骨折。胸骨常变形，在胸骨和椎骨的结合部位，肋骨特征性地向内变曲。病鸡前期精神良好，后期沉郁和死于脱水，但死亡率很低。

研究认为，本病主要与笼养鸡所处的特定环境条件有关，同一个笼子里养的产蛋鸡越少，发病率就越低。也有人认为，饲料中的钙、磷或维生素 D_3 缺乏，尤其是磷缺乏时易导致本病的发生。

本病尚无特效治疗的办法。由于笼养蛋鸡疲劳症多发于产蛋高峰期，预防的重点应放在产蛋前期和高峰期，保证饲料中有足够的钙和维生素 D_3，可利用磷宜保持在 0.45%。笼内养鸡数不可过多，为产蛋鸡提供足够的笼底面积。

2. 脂肪肝综合征 脂肪肝综合征，又称脂肪肝出血综合征，简称脂肝病。它主要散发于笼养的蛋鸡。

（1）症状 脂肝病只发生于高产鸡群，引起产蛋突然下降。因鸡常过肥，并有大而苍白的冠和肉髯，上面挂有皮屑。高产鸡的死亡率较高。剖检可见肝脏肿大、油腻、呈黄褐色，表面有出血点。死鸡腹腔中有大块凝血，并部分地包着肝脏，腹腔周围和内脏周围有大量脂肪。

（2）病因 脂肝病的病因尚未完全确定。有的研究认为，笼养鸡运动受到限制且摄入过高的能量，导致脂肪过度沉积，是造成脂肝病的主要原因；有些学者认为，某些嗜脂因子（在体内起着运输脂肪的作用），如蛋氨酸、胆碱和维生素 B_{12} 等缺乏与脂肝病的发生有关；有的认为，与硒、生物素、硬水有关；也有的认为，脂肪肝综合征的发生是由于激素平衡失调引起。另外，毒素（如黄曲霉毒素）引起脂肝病的可能性也不能忽视。

（3）防治 为预防脂肝病的发生，可考虑采取下列措施：①防止育成鸡过肥的措施（如限制饲养）；②日粮中保持能量和蛋白质的平衡，使用营养性添加剂，保证维生素 E、维生素 B_{12}、胆碱、肌醇与蛋氨酸的充分供应；③在易发生脂肝病的鸡群饲料中加入一定量的小麦麸、苜蓿粉或酒糟有助于预防该病，因为这些原料中有控制脂肪代谢的必要因子；④防止饲喂霉败饲料。

3. 啄癖 啄癖在笼养鸡中较常见，轻型品种鸡发生率高于中型、重型鸡，圈养多于散养。

（1）啄癖类型 啄癖类型较多，常见有啄肛、啄羽、啄趾、啄头（包括冠髯、耳垂、眼四周）和啄蛋等。

（2）病因 发生啄癖的病因可能有多种。在下列条件下常发生：饲养密度过大；饲槽和饮水器缺乏；舍内光线太强；维生素、矿物质、含硫氨基酸或纤维素不足；饲料中玉米过多；只喂颗粒料等。

（3）预防措施 ①断喙是预防啄癖的必备手段。②降低光照强度。笼养时为最下层鸡提供最低光照强度，又要使上层鸡不会光照过强。开放式鸡舍若阳光过于强烈，应用布遮盖窗户。③保证饲料的全价性。④饲养密度不可过高。提供鸡只充足的饲喂和饮水空间。增加通风量，保持鸡舍适宜温度，改善饲养环境。⑤防止鸡的脱肛及皮肤被划伤。⑥改进鸡笼结构，提高鸡笼质量。

4. 歇斯底里病 歇斯底里病是指鸡受到异常刺激后发生的严重惊恐——炸群。本病并不普遍，但一旦发生，往往无法控制。这不但会导致产蛋量下降，软壳蛋增多，而且还会造成鸡内脏出血，死亡增多，使鸡群遭到极大损害。

（1）症状 发病初少数鸡表现异常惊恐，乱飞乱叫，发病鸡的数量逐渐增加，最后整个鸡群都发作。病鸡飞翔碰撞物体，互相堆叠，造成许多鸡受伤甚至死亡。本病在笼养方式和轻型蛋鸡多发，常发生于高产期，尤其是产蛋高峰期。

（2）病因 发病原因主要由管理不良或应激引起。每次发病的原因似乎无规律可循，但下列因素都可能导致该病的发生：①饲养密度过大，鸡过分拥挤。②鸡舍空气不好，通风不良。如灰尘太多，氨味太浓。③气候炎热。④鸡舍光照闪烁不定。⑤断水、断料或蛋白质摄入不足。⑥突发的噪声。⑦啄癖（断喙不当或未断喙）。

（3）防治 只有在消除了发病原因后才能防止该病的发生。因此，平时应提高饲养人员的责任心，加强日常的饲养管理，为鸡群提供适宜的生活环境，减少应激源。主要防治措施：①啄癖也是该病的致病源。断喙可防止啄癖，进而有助于防止该病发生。②降低饲养密度，笼养时每笼鸡数不能过多。③播放音乐可以阻止和预防该病的发生。将母鸡在采食或生蛋时的"欢快"的声音录音并在鸡舍里播放，有使鸡群保持安静的作用。④服用维生素-电解质合剂。通常用于预防应激，能消除鸡场中的歇斯底里病。

5. 输卵管脱垂 母鸡产蛋后输卵管末端外翻而不能缩回，称为输卵管脱垂，俗称脱肛。脱肛会招致其他鸡啄食，并且很难制止，严重时可被同笼的鸡啄死。

（1）病因 输卵管脱垂有遗传因素在起作用。母鸡开产时体格小且太肥，是容易造成脱肛的最直接原因。笼养鸡比平养鸡多发。

（2）防治 育成期实行限制饲养，防止在产蛋前过肥；产蛋后期应控制母鸡增重过多。饲喂高纤维日粮或采取能使产蛋量下降的多种措施，有助于鸡群恢复正常状态。

五、低产鸡、假产鸡的识别

在大群饲养的蛋鸡群体中，往往有一定比例的母鸡由于疾病、饲养管理和遗传等因素，产蛋很少，甚至几乎不产蛋。这些产蛋率很低的低产鸡或貌似健康产蛋鸡而实际不产蛋的“假产鸡”长期留在群中，只能浪费饲料，导致鸡群产蛋率达不到标准，造成养鸡效益的下降，应注意识别，及时予以剔除，另行处理。

（一）产生的原因

造成低产鸡的原因：一是鸡只在育成阶段，由于鸡群不整齐，未能注意经常调整鸡群，按大小、强弱分群饲养，导致弱鸡生长发育更加受阻，而强壮者则可能采食过多而超重。二是忽视了限制饲喂方法，育成后期部分鸡种特别是早熟易肥的肉用型种鸡需限制采食量，或降低日粮中的能量，以保持合理的体型，否则可导致鸡只超重，因肥胖而低产。三是光照制度不合理，光照不足使蛋鸡推迟开产，并且整群产蛋率较低；光照过长使鸡性成熟过早，身体发育不足而提前开产，这样产蛋难以持久而出现早衰。光照制度和类似的饲养管理中的失误，对鸡群的影响具有普遍性，仅剔除少数典型低产鸡能够挽回一些损失，必须调整完善饲养管理，才能从根本上解决问题。四是疾病原因，如马立克氏病、卵黄性腹膜炎、上呼吸道感染和寄生虫病等，都能引起鸡冠萎缩和停产，出现低产鸡。有些育成鸡由于感染新城疫等疾病使生殖系统受到损害，不能产蛋，而外表看起来像健康鸡，实际上已形成假产鸡。

（二）识别的特征

1. 鸡体瘦小型　多见于大群鸡进入产蛋高峰期，200 日龄以上的鸡只，其体型和体重均小于正常鸡的标准，脸不红、冠不大、肉髯小，在鸡群中显得特别瘦弱，胆小如鼠，因易受其他鸡的攻击，常在鸡群中窜来窜去，干扰其他鸡的正常生活。

2. 鸡体肥胖型　大群鸡产蛋高峰期后，此时正常的高产蛋鸡通常羽毛不整、羽色暗淡、体型略瘦，而肥胖型的低产鸡则体型与体重远远超出正常蛋鸡的标准，羽毛油光发亮、冠红且厚、肉髯发达、行动笨拙，只长膘不产蛋，腹下两坐骨结节之间的距离仅有二指左右。一般产蛋鸡则在三指半以上。在产蛋鸡群中发现特别肥胖的鸡应立即予以剔除，产蛋高峰期后发现鸡群中冠红体肥的鸡应立即淘汰。

3. 产蛋早衰型　这类鸡体型与体重低于正常鸡的生长发育标准，个体略小却不消瘦，冠红、脸红、肉髯红，但冠、髯均不如高产蛋鸡发达。开产快、产蛋小、停产早，产蛋高峰持续期短，200 日龄后应注意淘汰这类低产鸡。

4. 鸡冠萎缩型 产蛋鸡开产到 250 日龄以后，会发现鸡群中有部分鸡冠萎缩，失去半透明的红润光泽，这是内分泌失调、卵巢功能衰退乃至丧失的结果。这类鸡往往体型与体重和普通鸡无明显差异，有的活泼，有的低迷，但均表现产蛋少，甚至逐渐停产。

5. 食欲减退型 蛋鸡的产蛋性能与其食欲和采食量往往有密切关系，食多蛋涌，食减蛋少。在饲料与营养正常的情况下，在鸡群采食高峰期，有少数鸡只远离料槽，若无其事，自由活动，或蹲卧一旁，或少许采食，又漫步闲逛去了，经检查并无其他原因，这类鸡产蛋的性能往往也是较差的。

6. 其他异常者 在产蛋前期，正常鸡体型匀称、羽毛光泽、冠髯鲜艳、活泼。体型瘦弱、羽冠暗淡和精神委顿者，为患病低产的征兆；在产蛋中后期，正常高产蛋鸡由于产蛋消耗，通常羽毛不太完整，胫、喙等处色素减褪，鸡冠较薄；而低产鸡、假产鸡则往往羽毛丰满，胫、喙等处色素沉着不褪、色泽较深，鸡冠髯特别红且肥厚，耻骨跨度较窄，对于这类鸡也应及时处理。

（三）处理

视低产鸡、假产鸡的类型和发生原因，可采取以下几种方式处理：①在产蛋中早期，因管理不当造成的较瘦弱或较肥胖的健康鸡，对这类鸡应从群中挑出给予单独饲养，通过控制饲料喂量和营养水平，调整体况，使之趋于正常，恢复产蛋性能。②产蛋后期的低产鸡，过于瘦小或肥胖者、产蛋早衰者、传染病侵染者，这些鸡一般应及早发现剔除，有病鸡按兽医卫生要求妥当处理，无病鸡育肥肉用。③食欲减退、羽色冠髯异常、行为和其他异常，疑似低产鸡、假产鸡，可继续观察 2 ～ 3 天，待确定后，再予以处理。

六、鸡蛋收集、贮存与包装

鸡蛋是人们日常生活中最为喜爱的食品之一，它食用方便，具有极高的营养价值，易于消化吸收。优质的鸡蛋新鲜清洁、蛋白浓稠、蛋黄鲜艳、口感纯正，且有浓郁的清香风味，营养全面。1 枚鸡蛋所含的蛋白质（7.5 克）相当于

200 克牛奶、35 克牛肉，是最适于人类现代生活的重要食品。

（一）鸡蛋的质量要求

蛋的质量可从蛋的外形和蛋的内部两方面综合判断，以刚产的新鲜蛋质量最好。随着贮存、运输，其新鲜度会逐渐下降。根据国家《鲜蛋卫生标准》（GB2748—2003），鲜蛋应符合以下要求：

1. 蛋壳　蛋壳应表面清洁，完好无损，坚固，无裂纹，无畸形。蛋壳色泽和大小一致。

2. 密度　要求在 1.06 ～ 1.08，在 10% 食盐水溶液中能下沉。

3. 气室　要求低于 7 毫米，其中特级蛋低于 4 毫米，冷藏蛋气室低于 9 毫米。

4. 透视　蛋内容物浓厚，蛋黄居中或略偏、呈黄红色或淡黄色、略显模糊阴影，系带固定紧密，看不到胚胎发育迹象。

5. 开蛋　将鸡蛋打开，倒在水平玻璃板上，要求蛋内容物的扩散面积较小，蛋黄圆而隆起，浓蛋白占大部分，并隆起包住蛋黄，稀蛋白量少。蛋黄色泽鲜艳，有清新的鸡蛋气味。

（二）鸡蛋的收集

鸡蛋产出后要及早收集，以避免长期暴露导致污损的发生。大规模养殖时，要求每 2 个小时收集蛋 1 次，每天至少收集蛋 6 次。收集蛋时，要将脏蛋、破蛋、畸形蛋、特大或特小蛋剔除，减少以后再挑选的人工污染机会。收集蛋最好使用集蛋车和塑料蛋托，可减少破蛋率。

每次集蛋后，最好立即进行熏蒸消毒，以杀死附在蛋壳表面的细菌。若等细菌进入鸡蛋内，就难以再杀死了。鸡蛋进入蛋库后应及时进行第二次消毒，以免增加污染机会。消毒方法是，根据消毒室或消毒柜空间大小，每立方米空间使用甲醛 35 毫升，高锰酸钾 17.5 克，水 35 毫升，放入瓷盆中自然蒸发即可产生大量气雾，密闭 30 分钟即可。

（三）鸡蛋的贮存

健康母鸡所产的鸡蛋内部是没有微生物的，新生蛋壳表面覆盖着 1 层由输卵管分泌的黏液所形成的蛋白质保护膜，蛋壳内也有 1 层由角蛋白和黏蛋白等构成的蛋壳膜，这些膜能够阻止微生物的侵入。因此，不能用水洗待贮放的鸡蛋，以免洗去蛋壳上的保护膜。此外，蛋清中含有多种防御细菌的蛋白质，如球蛋白、溶菌酶等，可保持鸡蛋长期不被污染变质。在鸡蛋贮存过程中，由于蛋壳表面有气孔，蛋内容物中水分会不断蒸发，使蛋内气室增大，蛋的重量不断减轻。蛋的气室变化和重量损失程度与保存温度、湿度、贮存时间密切相关，久贮的鸡蛋，其蛋白和蛋黄成分也会发生明显变化，鲜度和品质不断降低。采取适当的贮存方法对保持鸡蛋品质是非常重要的。

1. 冷藏贮存 即利用适当的低温抑制微生物的生长繁殖，延缓蛋内容物自身的代谢，达到减少重量损耗，长时间保持蛋的新鲜度的目的。冷藏库温度以0℃左右为宜，可降至-2℃，但不能使温度经常波动，相对湿度以80%为宜。鲜蛋入库前，库内应先消毒和通风。消毒方法可用漂白粉液（次氯酸）喷雾消毒和高锰酸钾甲醛法熏蒸消毒。送入冷藏库的蛋必须经严格的外观检查和灯光透视，只有新鲜清洁的鸡蛋才能贮放。经整理挑选的鸡蛋应整齐排列，大头朝上，在容器中排好，送入冷藏库前必须在2～5℃环境中预冷，使蛋温逐渐降低，防止水蒸气在蛋表面凝结成水珠，给真菌生长创造适宜环境。同样原理，出库时则应使蛋逐渐升温，以防止出现“汗蛋”。冷藏开始后，应注意保持和监测库内温度、湿度，定期透视抽查，每月翻蛋1次；防止蛋黄黏附在蛋壳上。保存良好的鸡蛋，可贮放10个月。

2. 石灰水贮存 将1份生石灰加6份清水充分搅拌溶解，静置沉淀并放凉后，取其上清液注入缸中，将经检查完好的鸡蛋小心浸泡于石灰水中，加盖放于阴凉处存放。

3. 涂布贮存 一般采用轻矿物油、石蜡、凡士林、藻朊酸胺和聚乙烯醇等作为覆盖剂，经浸渍、喷雾或加热熔化后涂布在蛋壳表面，起到防止微生物入侵和蛋内水分蒸发的作用，新鲜鸡蛋经涂布后可在室温下贮存半年。

4. 充氮贮存 将清洁的鲜蛋密封于充满氮气的聚乙烯薄膜袋中，可起到隔绝氧气、抑制微生物繁殖和鸡蛋代谢的作用，达到贮放保鲜效果。

5. 辐照保存 利用^{60}Co，按387库/千克剂量辐照装在密封塑料袋中的鲜蛋，可使蛋壳内外的微生物均被杀灭，而鸡蛋质量不受损害，经辐照处理的鸡蛋在常温下可存放1年。

6. 其他方法 农户利用谷糠、粮食、草木灰等贮存鸡蛋，原理是粮食可呼出二氧化碳，草木灰呈碱性，均不利于细菌生长繁殖，故能使鸡蛋免受微生物侵害。但因上述贮存环境较干燥，鲜蛋内水分蒸发，导致重量损失比较明显。

第九章 土杂鸡山林田园放养

利用山地、林场、果园、大田、荒地和草坡等山林田园环境（图 9-1）均可放养土杂鸡。山林田园饲养空间大，养殖环境好，空气新鲜，光照充分，营养来源全面，养殖设施简易，投入少，成本低，放养鸡运动量大，养殖时间长，故其肉蛋品质好，味道鲜美，被视为污染少、近似绿色的优质天然产品，颇受消费者青睐，市场售价高，畅销不衰，是一种有发展前途的优质土杂鸡饲养方式。一般地讲，土杂鸡舍饲的技术和原则也适于田园放养，但是田园环境与封闭式鸡舍，特别是环境控制条件好的现代化鸡舍有很大的差距。应充分认识到土杂鸡田园放养，相对现代化鸡舍来讲，有其生产效率低、出栏周期长、鸡群管理和环境控制难度大等不利方面。因此，必须权衡利弊，因地制宜，全面考虑，做好技术经营管理等各方面的准备，方可取得好的效果。

一、放养基础设施

（一）场地选择

养鸡场址的选择，要远离住宅区、主干道；以地势高燥、水源充足、排水方便、环境幽静、树势中等、砂质土壤的果园和承包山场为佳，背风向阳的南坡好于北坡；荒山草坡、收获后的粮田、菜园与冬闲田适于短期放养。

（二）鸡舍建设

山林田园放养鸡须建有简易的鸡舍，可以利用现成的房舍、闲置的蔬菜大棚等，稍加修缮改造。也可因地制宜，新建简易的鸡舍：竹木框架，油毛毡、石棉

a　　b　　c　　d

图 9-1　山林田园养鸡

a. 林下养鸡　b. 山坡养鸡　c. 果园养鸡　d. 闲田养鸡

瓦或塑料布顶棚，棚高 2.5 米左右，尼龙网或铁丝网圈围，夏季要有很好的遮阳通风条件，冬天改用塑料布保暖；地面铺上干净的沙子和干稻草。鸡舍大小根据饲养量多少而定，一般按每平方米养育 25 ～ 30 只鸡，用于夜间栖息和风雨天躲避。

（三）饲喂、饮水设备设施

备全饲喂、饮水设施及用具，可购买专用料盘、料槽、料桶、真空式饮水器、吊塔式饮水器等，也可自制饮水器、料盘。

二、放养技术要点

（一）品种选择

山林田园放养宜选择采食能力和抗逆性强的优良地方品种鸡，如莱芜黑鸡、固始鸡、萧山鸡、琅琊鸡、绿壳蛋鸡等。宜选择本地土杂鸡或与本地土杂鸡的杂交鸡。从羽色外貌上宜选择黑、红、麻、黄羽，青脚等土杂鸡特征明显的鸡种。因为从近年的市场消费情况看，羽色“黑、红、麻、黄”，脚爪为“青色”的鸡容易被消费者所认可。

（二）放养时间及放养密度

山林田园放养须在雏鸡脱温后进行，也可选择在舍内育雏到 8 周龄左右再进行放养。雏鸡在舍内饲养天数应视季节和当地气候而定，一般雏鸡脱温日龄夏季为 10 ～ 15 天，秋季 15 ～ 20 天，冬季 30 天左右。然后可选择无风的晴天放养。放养头几天，每天放 2 ～ 4 个小时，以后逐步延长时间；初进园时要用尼龙网限制在小范围，以后逐步扩大；条件许可时最好用丝网围栏分区轮放。一般每亩田园放养 500 ～ 1 000 只。放养季节以春、夏、秋三季效果较好，每年 3 ～ 10 月，采用全进全出方式可放养 3 ～ 4 批。

（三）饲养管理

雏鸡阶段使用质量较好的全价饲料，自由采食，做到料、水不断，以后逐渐过渡到大鸡料，并减少饲喂次数。一般放养第一周，早、中、晚各喂 1 次；第二周开始早晚各 1 次。对品质较高的土种鸡，4 周龄后饲料中可逐步增加谷物杂粮比例，并添加适量的青绿饲料，一般可添加 10% ～15% 的完整谷粒或小麦，添加 15% ～ 20% 的青绿饲料。这样，一是可以增加维生素的含量；二是可以降低养殖成本；三是可以降低鸡肉脂肪含量，有利于形成土杂鸡肉的独特风味。饲喂量以大部分鸡能吃饱为宜。注意每天固定放鸡、喂料、收鸡的时间，观察鸡群的表现，保持鸡群健康，对少数体质较弱的鸡只可留在舍内喂养。

（四）疾病防治

鸡的疾病较多，危害较大，要严格执行免疫程序和卫生消毒制度。

1. 防疫　雏鸡在室内保温阶段（7 ～ 15 日龄）内要进行第一次新城疫、传染性法氏囊病及其他疫病免疫；21 日龄进行第二次传染性法氏囊病疫苗点眼或滴鼻；1 ～ 2 月龄进行第二次新城疫免疫；2 月龄时接种 1 次传染性支气管炎疫苗。在养鸡多年的鸡场，还应进行 1 次鸡瘟疫苗免疫。接种疫苗后，可在饲料中和饮水中添加维生素 C、速补 14、氨基酸葡萄糖口服液等增强免疫效果。同时应注意采取在饮水和饲料中投药等方式，做好禽霍乱、大肠杆菌病、鸡白痢和球虫病等病的预防工作。发现疫病时，应及时采取防治措施，病鸡及时进行隔离，无治疗价值的病鸡、死鸡及时深埋。对场地用具和物品进行全面消毒。

2. 卫生消毒 每批鸡出售后，鸡舍用2%火碱水进行地面消毒，并用塑料布密封鸡舍用甲醛和高锰酸钾等进行熏蒸消毒；放牧过的大田和果园应翻土、撒施生石灰。

3. 山林田园净化 山林田园放养土杂鸡宜采取全进全出制度。每出栏一批鸡后清理卫生，全面消毒，并间隔2～3周后再放养第二批鸡；山林田园放养1～2年后，要更换另一处山林田园，让山林田园自然净化2年以上，消毒后再放养鸡。

三、安全生产

（一）生物安全措施

采用生物安全措施饲养，即采用全进全出的方法来切断病原在养殖场（户）间（内）的传播。通过严格的管控制度，将病原拒之门外，每个养殖场（户）只饲养一个品种的土杂鸡，其他场（户）、相关行业从业人员及物资严禁随便出入场区。

（二）加强环境管理

加强养殖场（户）的兽医卫生管理工作，创造适宜的生态环境，减少细菌病毒的感染机会，切断疫病的传播途径，严格控制各种疾病的发生，保证土杂鸡健康成长。

（三）控制土杂鸡疾病

在鸡群发病时要及早淘汰病弱个体，需要治疗时要尽量使用高效、无毒、低残留的药物，或以生物制剂作为治病的药品，控制土杂鸡疾病的发生、发展。

（四）严防农药中毒

在农田和果园喷药防治病虫害时，应将鸡群赶到安全地带或错开时间。田园治虫、防病要选用高效、低毒农药，用药后要间隔5天以上，才可以放鸡到田园中。注意备好解毒药品，以防鸡群中毒。

（五）加强防范工作

山林田园是完全开放式的，因此做好防范工作十分重要。山林田园四周用铁丝网、尼龙网或竹篱围住，防止鸡只外逃和野兽入侵。要及时收听当地天气预报，暴风、雨、雪来临前，要做好鸡舍的防风、防雨、防漏、防寒工作，及时检查山林田园，寻找因天气突然变化而未归的鸡只，以减少损失。

附　录

附录一　饲养动物兽药及添加剂使用规范及名录

（一）兽用处方药品种目录（第一批）

1. 抗微生物药

（1）抗生素类

①β-内酰胺类。注射用青霉素钠、注射用青霉素钾、氨苄西林混悬注射液、氨苄西林可溶性粉、注射用氨苄西林钠、注射用氯唑西林钠、阿莫西林注射液、注射用阿莫西林钠、阿莫西林片、阿莫西林可溶性粉、阿莫西林克拉维酸钾注射液、阿莫西林硫酸黏菌素注射液、注射用苯唑西林钠、注射用普鲁卡因青霉素、普鲁卡因青霉素注射液、注射用苄星青霉素。

②头孢菌素类。注射用头孢噻呋、盐酸头孢噻呋注射液、注射用头孢噻呋钠、头孢氨苄注射液、硫酸头孢喹肟注射液。

③氨基糖苷类。注射用硫酸链霉素、注射用硫酸双氢链霉素、硫酸双氢链霉素注射液、硫酸卡那霉素注射液、注射用硫酸卡那霉素、硫酸庆大霉素注射液、硫酸安普霉素注射液、硫酸安普霉素可溶性粉、硫酸安普霉素预混剂、硫酸新霉素溶液、硫酸新霉素粉（水产用）、硫酸新霉素预混剂、硫酸新霉素可溶性粉、盐酸大观霉素可溶性粉、盐酸大观霉素盐酸林可霉素可溶性粉。

④四环素类。土霉素注射液、长效土霉素注射液、盐酸土霉素注射液、注射用盐酸土霉素、长效盐酸土霉素注射液、四环素片、注射用盐酸四环素、盐酸多西环素粉（水产用）、盐酸多西环素可溶性粉、盐酸多西环素片、盐酸多西

环素注射液。

⑤大环内酯类。红霉素片、注射用乳糖酸红霉素、硫氰酸红霉素可溶性粉、泰乐菌素注射液、注射用酒石酸泰乐菌素、酒石酸泰乐菌素可溶性粉、酒石酸泰乐菌素磺胺二甲嘧啶可溶性粉、磷酸泰乐菌素磺胺二甲嘧啶预混剂、替米考星注射液、替米考星可溶性粉、替米考星预混剂、替米考星溶液、磷酸替米考星预混剂、酒石酸吉他霉素可溶性粉。

⑥酰胺醇类。氟苯尼考粉、氟苯尼考粉（水产用）、氟苯尼考注射液、氟苯尼考可溶性粉、氟苯尼考预混剂、氟苯尼考预混剂（50%）、甲砜霉素注射液、甲砜霉素粉、甲砜霉素粉（水产用）、甲砜霉素可溶性粉、甲砜霉素片、甲砜霉素颗粒。

⑦林可胺类。盐酸林可霉素注射液、盐酸林可霉素片、盐酸林可霉素可溶性粉、盐酸林可霉素预混剂、盐酸林可霉素硫酸大观霉素预混剂。

⑧其他。延胡索酸泰妙菌素可溶性粉。

（2）合成抗菌药

①磺胺类药。复方磺胺嘧啶预混剂、复方磺胺嘧啶粉（水产用）、磺胺对甲氧嘧啶二甲氧苄啶预混剂、复方磺胺对甲氧嘧啶粉、磺胺间甲氧嘧啶粉、磺胺间甲氧嘧啶预混剂、复方磺胺间甲氧嘧啶可溶性粉、复方磺胺间甲氧嘧啶预混剂、磺胺间甲氧嘧啶钠粉（水产用）、磺胺间甲氧嘧啶钠可溶性粉、复方磺胺间甲氧嘧啶钠粉、复方磺胺间甲氧嘧啶钠可溶性粉、复方磺胺二甲嘧啶粉（水产用）、复方磺胺二甲嘧啶可溶性粉、复方磺胺甲噁唑粉、复方磺胺甲噁唑粉（水产用）、复方磺胺氯达嗪钠粉、磺胺氯吡嗪钠可溶性粉、复方磺胺氯吡嗪钠预混剂、磺胺喹噁啉二甲氧苄啶预混剂、磺胺喹啉钠可溶性粉。

②喹诺酮类药。恩诺沙星注射液、恩诺沙星粉（水产用）、恩诺沙星片、恩诺沙星溶液、恩诺沙星可溶性粉、恩诺沙星混悬液、盐酸恩诺沙星可溶性粉、乳酸环丙沙星可溶性粉、乳酸环丙沙星注射液、盐酸环丙沙星注射液、盐酸环丙沙星可溶性粉、盐酸环丙沙星盐酸小檗碱预混剂、维生素C磷酸酯镁盐酸环丙沙星预混剂、盐酸沙拉沙星注射液、盐酸沙拉沙星片、盐酸沙拉沙星可溶性粉、盐酸沙拉沙星溶液、甲磺酸达氟沙星注射液、甲磺酸达氟沙星溶液、甲磺酸达氟沙星粉、甲磺酸培氟沙星可溶性粉、甲磺酸培氟沙星注射液、甲磺酸培氟沙星颗粒、盐酸二氟沙星片、盐酸二氟沙星注射液、盐酸二氟沙星粉、盐酸二氟沙星溶液、诺氟沙星粉（水产用）、诺氟沙星盐酸小檗碱预混剂（水产用）、

乳酸诺氟沙星可溶性粉（水产用）、乳酸诺氟沙星注射液、烟酸诺氟沙星注射液、烟酸诺氟沙星可溶性粉、烟酸诺氟沙星溶液、烟酸诺氟沙星预混剂（水产用）、噁喹酸散、噁喹酸混悬液、噁喹酸溶液、氟甲喹可溶性粉、氟甲喹粉、盐酸洛美沙星片、盐酸洛美沙星可溶性粉、盐酸洛美沙星注射液、氧氟沙星片、氧氟沙星可溶性粉、氧氟沙星注射液、氧氟沙星溶液（酸性）、氧氟沙星溶液（碱性）。

③其他。乙酰甲喹片、乙酰甲喹注射液。

2. 抗寄生虫药

（1）抗蠕虫药　阿苯达唑硝氯酚片、甲苯咪唑溶液（水产用）、硝氯酚伊维菌素片、阿维菌素注射液、碘硝酚注射液、精制敌百虫片、精制敌百虫粉（水产用）。

（2）抗原虫药　注射用三氮脒、注射用喹嘧胺、盐酸吖啶黄注射液、甲硝唑片、地美硝唑预混剂。

（3）杀虫药　辛硫磷溶液（水产用）、氯氰菊酯溶液（水产用）、溴氰菊酯溶液（水产用）。

3. 中枢神经系统药物

（1）中枢兴奋药　安钠咖注射液、尼可刹米注射液、樟脑磺酸钠注射液、硝酸士的宁注射液、盐酸苯噁唑注射液。

（2）镇静药与抗惊厥药　盐酸氯丙嗪片、盐酸氯丙嗪注射液、地西泮片、地西泮注射液、苯巴比妥片、注射用苯巴比妥钠。

（3）麻醉性镇痛药　盐酸吗啡注射液、盐酸哌替啶注射液。

（4）全身麻醉药与化学保定药　注射用硫喷妥钠、注射用异戊巴比妥钠、盐酸氯胺酮注射液、复方氯胺酮注射液、盐酸赛拉嗪注射液、盐酸赛拉唑注射液、氯化琥珀胆碱注射液。

4. 外周神经系统药物

（1）拟胆碱药　氯化氨甲酰甲胆碱注射液、甲硫酸新斯的明注射液。

（2）抗胆碱药　硫酸阿托品片、硫酸阿托品注射液、氢溴酸东莨菪碱注射液。

（3）拟肾上腺素药　重酒石酸去甲肾上腺素注射液、盐酸肾上腺素注射液。

（4）局部麻醉药　盐酸普鲁卡因注射液、盐酸利多卡因注射液。

5. 抗炎药　氢化可的松注射液、醋酸可的松注射液、醋酸氢化可的松注射液、醋酸泼尼松片、地塞米松磷酸钠注射液、醋酸地塞米松片、倍他米松片。

6. 泌尿生殖系统药物 丙酸睾酮注射液、苯丙酸诺龙注射液、苯甲酸雌二醇注射液、黄体酮注射液、注射用促黄体释放激素 A_2、注射用促黄体释放激素 A_3、注射用复方鲑鱼促性腺激素释放激素类似物、注射用复方绒促性素 A 型、注射用复方绒促性素 B 型。

7. 抗过敏药 盐酸苯海拉明注射液、盐酸异丙嗪注射液、马来酸氯苯那敏注射液。

8. 局部用药物 注射用氯唑西林钠、头孢氨苄乳剂、苄星氯唑西林注射液、氯唑西林钠氨苄西林钠乳剂（泌乳期）、氨苄西林氯唑西林钠乳房注入液（泌乳期）、盐酸林可霉素硫酸新霉素乳房注入剂（泌乳期）、盐酸林可霉素乳房注入剂、盐酸吡利霉素乳房注入剂。

9. 解毒药

（1）金属络合剂 二巯丙醇注射液、二巯丙磺钠注射液。

（2）胆碱酯酶复活剂 碘解磷定注射液。

（3）高铁血红蛋白还原剂 亚甲蓝注射液。

（4）氰化物解毒剂 亚硝酸钠注射液。

（5）其他解毒剂 乙酰胺注射液。

（二）兽用处方药品种目录（第二批）

兽用处方药品种目录（第二批），见附表 1。

附表 1 兽用处方药品种目录（第二批）

序 号	通用名称	分 类	备 注
1	硫酸黏菌素预混剂	抗生素类	
2	硫酸黏菌素预混剂（发酵）	抗生素类	
3	硫酸黏菌素可溶性粉	抗生素类	
4	三合激素注射液	泌尿生殖系统药物	
5	复方水杨酸钠注射液	中枢神经系统药物	含巴比妥
6	复方阿莫西林粉	抗生素类	
7	盐酸氨丙啉磺胺喹噁啉钠	可溶性粉磺胺类药	
8	复方氨苄西林粉	抗生素类	
9	氨苄西林钠可溶性粉	抗生素类	

续附表1

序　号	通用名称	分　类	备　注
10	高效氯氰菊酯溶液	杀虫药	
11	硫酸庆大–小诺霉素注射液	抗生素类	
12	复方磺胺二甲嘧啶钠可溶性粉	磺胺类药	
13	联磺甲氧苄啶预混剂	磺胺类药	
14	复方磺胺喹噁啉钠可溶性粉	磺胺类药	
15	精制敌百虫粉	杀虫药	
16	敌百虫溶液（水产用）	杀虫药	
17	磺胺氯达嗪钠乳酸甲氧苄啶可溶性粉	磺胺类药	
18	注射用硫酸头孢喹肟	抗生素类	
19	乙酰氨基阿维菌素注射液	抗生素类	

（三）兽用处方药品种目录（第三批）

兽用处方药品种目录（第三批），见附表2。

附表2　兽用处方药品种目录（第三批）

序　号	通用名称	分　类	备　注
1	吉他霉素预混剂	抗生素类	
2	金霉素预混剂	抗生素类	
3	磷酸替米考星可溶性粉	抗生素类	
4	亚甲基水杨酸杆菌肽可溶性粉	抗生素类	
5	头孢氨苄片	抗生素类	
6	头孢噻呋注射液	抗生素类	
7	阿莫西林克拉维酸钾片	抗生素类	
8	阿莫西林硫酸黏菌素可溶性粉	抗生素类	
9	阿莫西林硫酸黏菌素注射液	抗生素类	
10	盐酸沃尼妙林预混剂	抗生素类	
11	阿维拉霉素预混剂	抗生素类	
12	马波沙星片	合成抗菌药	
13	马波沙星注射液	合成抗菌药	

续附表2

序　号	通用名称	分　类	备　注
14	注射用马波沙星	合成抗菌药	
15	恩诺沙星混悬液	合成抗菌药	
16	美洛昔康注射液	抗炎药	
17	戈那瑞林注射液	泌尿生殖系统药物	
18	注射用戈那瑞林	泌尿生殖系统药物	
19	土霉素子宫注入剂	局部用药物	
20	复方阿莫西林乳房注入剂	局部用药物	
21	硫酸头孢喹肟乳房注入剂（泌乳期）	局部用药物	
22	硫酸头孢喹肟子宫注入剂	局部用药物	

（四）食品动物禁用药品及其他化合物清单

食品动物禁用药品及其他化合物清单，见附表3。

附表3　食品动物中禁止使用的药品及其他化合物清单

序　号	药品及其他化合物名称
1	酒石酸锑钾（Antimony potassium tartrate）
2	β-兴奋剂（β-agonists）类及其盐、酯
3	汞制剂：氯化亚汞（甘汞）(Calomel)、醋酸汞（Mercurous acetate)、硝酸亚汞（Mercurous nitrate)、吡啶基醋酸汞（Pyridyl mercurous acetate）
4	毒杀芬（氯化烯）(Camahechlor)
5	卡巴氧（Carbadox）及其盐、酯
6	呋喃丹（克百威）(Carbofuran)
7	氯霉素（Chloramphenicol）及其盐、酯
8	杀虫脒（克死螨）(Chlordimeform)
9	氨苯砜（Dapsone）
10	硝基呋喃类：呋喃西林（Furacilinum)、呋喃妥因（Furadantin)、呋喃它酮（Furaltadone)、呋喃唑酮（Furazolidone)、呋喃苯烯酸钠（Nifurstyrenate sodium)
11	林丹（Lindane）
12	孔雀石绿（Malachite green）

续附表3

序　号	药品及其他化合物名称
13	类固醇激素：醋酸美仑孕酮（Melengestrol Acetate）、甲基睾丸酮（Methyltestosterone）、群勃龙（去甲雄三烯醇酮）(Trenbolone)、玉米赤霉醇（Zeranal）
14	安眠酮（Methaqualone）
15	硝呋烯腙（Nitrovin）
16	五氯酚酸钠（Pentachlorophenol sodium）
17	硝基咪唑类：洛硝达唑（Ronidazole）、替硝唑（Tinidazole）
18	硝基酚钠（Sodium nitrophenolate）
19	己二烯雌酚（Dienoestrol）、己烯雌酚（Diethylstilbestrol）、己烷雌酚（Hexoestrol）及其盐、酯
20	锥虫砷胺（Tryparsamile）
21	万古霉素（Vancomycin）及其盐、酯

附录二　NY/T 5038—2001
无公害食品　肉鸡饲养管理准则

1　范围

本标准规定了无公害食品肉鸡的饲养管理条件，包括产地环境、引种来源、大气环境质量、水质量、禽舍环境、饲料、兽药、免疫、消毒、饲养管理、废弃物处理、生产记录、出栏和检验。

本标准适用于肉用仔鸡、优质肉鸡及地方土杂鸡的饲养。

2　规范性引用文件

下列文件中的条款通过本标准的引用而成为本标准的条款。凡是注日期的引用文件，其随后所有的修改单（不包括勘误的内容）或修订版均不适用于本标准，然而，鼓励根据本标准达成协议的各方研究是否可使用这些文件的最新版本。凡是不注日期的引用文件，其最新版本适用于本标准。

GB 3095 大气环境质量标准

GB 16548 畜禽病害肉尸及其产品无害化处理规程

GB 16549 畜禽产地检疫规范

NY/T 388 畜禽场环境质量标准

NY 5027 无公害食品　畜禽饮用水水质

NY 5035 无公害食品　肉鸡饲养兽药使用准则

NY 5036 无公害食品　肉鸡饲养兽医防疫准则

NY 5037 无公害食品　肉鸡饲养饲料使用准则

中华人民共和国兽药典

3　术语和定义

下列术语和定义适用于本标准。

全进全出制　all-in all-out system

同一鸡舍或同一鸡场只饲养同一批次的鸡，同时进场、同时出场的管理制度。

4 总体要求

4.1 产地环境

大气质量应符合 GB 3095 标准的要求。

4.2 引种来源

雏鸡应来自有种鸡生产许可证，而且无鸡白痢、新城疫、禽流感、支原体、禽结核、白血病的种鸡场，或由该类场提供种蛋所生产的经过产地检疫的健康雏鸡。一栋鸡舍或全场的所有鸡只应来源于同一种鸡场。

4.3 饮水质量

水质应符合 NY 5027 的要求。

4.4 饲料质量

饲料应符合 NY 5037 的要求。

4.5 兽药使用

饮水或拌料方式添加兽药应符合 NY 5035 的要求。

4.6 防疫

肉鸡防疫应符合 NY 5036 的要求。

4.7 病害肉尸的无害化处理

应符合 GB 16548 标准的要求。

4.8 环境质量

鸡舍内环境卫生应符合 NY/T 388 标准的要求。鸡场排放的废弃物实行减量化、无害化、资源化原则处理。

5 禽舍设备卫生条件

5.1 鸡舍选址应在地势高燥、采光充足和排水良好，隔离条件好的区域，还应符合以下条件：

a. 鸡场周围 3 000 米内无大型化工厂、矿厂等污染源，距其他畜牧场至少 1 000 米以上；

b. 鸡场距离干线公路、村和镇居民点至少 1 000 米以上；

c. 鸡场不应建在饮用水源、食品厂上游。

5.2 鸡场应严格执行生产区和生活区相隔离的原则。

5.3 鸡舍建筑应符合卫生要求，内墙表面应光滑平整，墙面不易脱落、耐磨损和不含有毒有害物质。还应具备良好的防鼠、防虫和防鸟设施。

5.4 设备应具备良好的卫生条件并适合卫生检测。

6　饲养管理卫生条件

6.1　每批肉鸡出栏后应实施清洗、消毒和灭虫、灭鼠，消毒剂建议选择符合《中华人民共和国兽药典》规定的高效、低毒和低残留消毒剂，且必须符合 NY 5035 的规定；灭虫、灭鼠应选择符合农药管理条例规定的菊酯类杀虫剂和抗凝血类杀鼠剂。

6.2　鸡舍清理完毕到进鸡前空舍至少 2 周，关闭并密封鸡舍防止野鸟和鼠类进入鸡舍。

6.3　鸡场所有人口处应加锁并设有“谢绝参观”标志。鸡场门口设消毒池和消毒间，进出车辆经过消毒池，所有进场人员要脚踏消毒池，消毒池选用 2% ～ 5% 漂白粉澄清溶液或 2% ～ 4% 氢氧化钠溶液，消毒液定期更换。进场车辆建议用表面活性剂消毒液进行喷雾，进场人员经过紫外线照射的消毒间。外来人员不应随意进出生产区，特定情况下，参观人员在淋浴和消毒后穿戴保护服才可进入。

6.4　工作人员要求身体健康，无人畜共患病。工作人员进鸡舍前要更换干净的工作服和工作鞋。鸡舍门口设消毒池或消毒盆供工作人员鞋消毒用。舍内要求每周至少消毒 1 次，消毒剂选用符合《中华人民共和国兽药典》规定的高效、无毒和腐蚀性低的消毒剂，如卤素类、表面活性剂等。

6.5　坚持全进全出制饲养肉鸡，同一养禽场不能饲养其他禽类。

7　饲养管理要求

7.1　饲养方式

可采用地面散养和离地饲养（网上平养和笼养），地面平养选择刨花或稻壳作垫料，垫料要求一定要干燥、无霉变、不应有病原菌和真菌类微生物群落。

7.2　饮水管理

采用自由饮水。确保饮水器不漏水，防止垫料和饲料霉变。饮水器要求每天清洗、清毒，消毒剂建议选择符合《中华人民共和国兽药典》规定的百毒杀、漂白粉和卤素类消毒剂。水中可以添加葡萄糖、电解质和多维类添加剂。

7.3　喂料管理

自由采食和定期饲喂均可。饲料中可以拌入多种维生素类添加剂。强调上市前 7 天，饲喂不含任何药物及药物添加剂的饲料，一定要严格执行停药期。每次添料根据需要确定，尽量保持饲料新鲜，防止饲料发生霉变。随时清除散落的饲料和喂料系统中的垫料。饲料存放在干燥的地方，存放时间不能过长，不应饲喂发霉、变质和生虫的饲料。

7.4 防止鸟和鼠害

控制鸟和鼠进入鸡舍，饲养场院内和鸡舍经常投放诱饵灭鼠和灭蝇。鸡舍内诱饵注意投放在鸡群不易接触的地方。

7.5 防疫和病禽治疗

对病情较轻，可以治疗的肉鸡应隔离饲养，所用药物应符合 NY 5035 的要求。

7.6 废弃物处理

使用垫料的饲养场，采取肉鸡出栏后一次性清理垫料，饲养过程中垫料过湿要及时清出，网上饲养户应及时清理粪便。清出的垫料和粪便在固定地点进行高温堆肥处理，堆肥池应为混凝土结构，并有房顶。粪便经堆积发酵后应作农业用肥。

7.7 生产记录

应建立生产记录档案，包括进雏日期、进雏数量、雏鸡来源，饲养员；每日的生产记录包括：日期、肉鸡日龄、死亡数、死亡原因、存栏数、温度、湿度、免疫记录、清毒记录、用药记录、喂料量，鸡群健康状况，出售日期，数量和购买单位。生产记录应保存两年以上。

7.8 肉鸡出栏

肉鸡出栏前 6 ～ 8 小时停喂饲料，但可以自由饮水。

8 检验

肉鸡出售前要做产地检疫，按 GB 16549 标准进行。检疫合格肉鸡可以上市，不合格肉鸡按 GB 16548 处理。

9 运输

运输设备应洁净，无鸡粪和化学品遗弃物。

附录三　T/SDAA 004—2019
优质鸡蛋生产技术规范

1　范围

本标准规定了优质鸡蛋生产的鸡场建设要求、设施设备、环境要求、育成鸡来源、饲养管理、疫病预防、废弃物处理、档案记录。

本标准适用于优质鸡蛋的生产。

2　规范性引用文件

下列文件对于本文件的应用是必不可少的。凡是注日期的引用文件，仅所注日期的版本适用于本文件。凡是不注日期的引用文件，其最新版本（包括所有的修改单）适用于本文件。

GB 3095 环境空气质量标准

GB 5749 生活饮用水卫生标准

GB 13078 饲料卫生标准

GB 16548 病害动物和病害动物产品生物安全处理规程

GB 18596 畜禽养殖业污染物排放标准

GB/T 18883 室内空气质量标准

NY/T 33 鸡饲养标准

NY/T 388 畜禽场环境质量标准

NY/T 1755 畜禽舍通风系统技术规程

T/CAAA 019 蛋鸡商品代雏鸡、育成鸡

饲料和饲料添加剂管理条例（中华人民共和国农业农村部）

饲料原料目录（中华人民共和国农业农村部）

中华人民共和国兽药典（中华人民共和国农业农村部）

饲料添加剂品种目录（中华人民共和国农业农村部）

饲料添加剂安全使用规范（中华人民共和国农业农村部）

3 术语和定义

3.1 优质鸡蛋

实行全链条质量管理，全程可追溯，品质、安全指标达到本标准要求的鲜鸡蛋。

3.2 轻型鸡

3.3 中型鸡

4 鸡场建设要求

4.1 场址选择

4.1.1 鸡场建设要确保养殖场生态环境优良。场区环境空气质量符合GB 3095要求。水源应充足，取用方便。交通、电力便利。

4.1.2 场址地势应高燥、平坦。在丘陵山地建场应尽量选择阳坡。

4.1.3 场区距工矿区不少于2 000米，距居民区和其他畜禽场不少于1 000米，距畜禽屠宰场不少于3 000米，距交通干线不少于500米。

4.2 功能区布局

4.2.1 应按管理区、生产区和隔离区三个功能区布置。管理区选择在常年主导风向的上风向或侧风方向及地势较高处，隔离区建在常年主导风向的下风向或侧风方向及地势较低处。

4.2.2 管理区包括：工作人员的生活设施、办公设施、与外界接触密切的辅助生产设施（杂品库、车库、更衣消毒和洗澡间、配电房、职工宿舍、食堂等）。

4.2.3 生产区包括：生产设备设施和辅助设施等。

4.2.4 隔离区包括：兽医室、病死鸡焚烧、粪便处理场、污水池等。应距鸡舍50米以上。

4.3 鸡舍

4.3.1 鸡舍高度：笼养顶层网距屋檐应不少于1米，网上平养（棚架饲养）网床距屋檐应不少于2米，地面平养垫料平面距屋檐应不少于2.7米。

4.3.2 舍内地面进行硬化处理。墙表面光滑平整、耐磨、耐冲刷。用电线路要有防水保护。污水、粪尿能及时排净，舍内清洁卫生，空气新鲜。

4.4 道路设置

场内道路设计净道和污道，两者严格分开使用。

4.5　建筑材料

4.5.1　建筑材料要坚固耐用、隔热、耐水、耐腐蚀、美观、防火，符合有关环保要求。

4.5.2　新建鸡舍环境符合 GB/T 18883 的要求。

4.5.3　应根据地区温度状况设计适宜保温层厚度，保持冬春季室温不低于10℃，夏秋季最高温度不高于 30℃。

5　设施设备

5.1　环境控制设备

5.1.1　应具备温度、湿度、通风、光照智能化控制装备，并安装断电、高温等意外情况报警装置。有条件鸡场可以安装智能化远程控制系统和易变电源的智能化控制。

5.1.2　通风系统符合 NY/T 1755 的要求。

5.1.3　应具备防鸟防鼠防虫设施设备。

5.2　饲养设备

5.2.1　应选用具有生产许可证厂家生产的专用定型产品，耐腐蚀，寿命 10 年以上，装备设计科学合理。

5.2.2　笼养模式装备应包括：笼具、自动喂料系统、自动饮水系统、饮水系统清洗消毒设备、饮水净化设备、自动拣蛋系统、自动清粪系统、粪污处理装备、自动消毒系统等。

5.2.3　网床饲养模式装备应包括：网床设施、自动清粪系统、自动喂料系统、自动饮水系统、饮水系统清洗消毒设备、饮水净化设备、自动拣蛋系统、粪污处理装备、自动消毒系统等。

5.2.4　地面平养模式装备应包括：自动喂料系统、自动饮水系统、饮水系统清洗消毒设备、饮水净化设备、自动拣蛋系统、自动清粪系统、粪污处理装备、自动消毒系统等。

6　环境要求

6.1　温度

温度范围应在 10 ～ 30℃。

6.2　湿度

空气相对湿度宜控制在 55% ～ 75%。

6.3 光照

光照时间宜控制在 15 ～ 16 小时，光照强度 10 勒克斯。

6.4 通风

舍内通风良好，空气质量符合 NY/T 388 的要求。

6.5 饲养密度

笼养：中型鸡笼底面积应不低于 450 厘米 ^{2}，轻型鸡笼底面积应不低于 400 厘米 ^{2}。

7 育成鸡来源

7.1 育成鸡应具备引种证明和《动物检疫合格证》。

7.2 育成鸡质量应符合 T/CAAA 019。

7.3 育成鸡运输注意防暑降温，夏秋炎热季节选择凌晨风凉时辰运输，冬春寒冷季节选择中午温暖时辰运输。

8 饲养管理

8.1 饲料要求

8.1.1 全价饲料营养需要量符合 NY/T 33 的要求。

8.1.2 饲料卫生应符合 GB 13078 的要求；饲料原料应符合《饲料原料目录》的要求。

8.1.3 饲料添加剂使用应符合《饲料添加剂品种目录》和《饲料添加剂安全使用规范》的要求。

8.2 水质要求

饮用水质量应符合 GB 5749 要求。

8.3 饲养管理

8.3.1 产蛋期可饲喂配合饲料和颗粒料。

8.3.2 严格按照操作程序进行供料、饮水、通风换气、光照、清粪、消毒和清扫卫生。

8.3.3 应定时巡视鸡群，及时处理病弱、损伤和逃逸个体。

8.3.4 饲养和维修人员操作动作要轻，防止惊扰鸡群。

8.3.5 每日做好喂料量、产蛋量、饮水量、环境参数、死淘数和投入品使用记录。

8.3.6 实施鸡舍的全进全出饲养制度。

8.4　集蛋

8.4.1　每日拣蛋不少于 2 次。捡蛋时将破蛋、砂皮蛋、软蛋、脏蛋、特大特小蛋单独存放。

8.4.2　鸡蛋收集后应立即进行质量分级、保洁、喷码、消毒、包装等工作。

9　疫病预防

9.1　卫生消毒

9.1.1　进鸡前应进行彻底清扫、洗刷、消毒，并至少空置 15 天以上。饲养过程中，每周带鸡消毒 1 ～ 2 次。饮水器和料槽每隔 15 天应洗刷消毒 1 ～ 2 次。

9.1.2　饲养人员每次进入生产区进行彻底消毒或洗澡、更衣、换鞋。场区、道路及鸡舍周围环境每周消毒 1 次，并定期更换消毒池中的消毒液。

9.1.3　与鸡蛋接触工作人员应按有关规定定期进行体检，有传染病人员不准从事本项工作。

9.2　免疫

9.2.1　根据地区疫病流行特点，制定科学免疫程序，做好免疫工作；免疫前应检查疫苗外观和标识，并按时检测鸡抗体水平，根据监测结果安排免疫计划。

9.2.2　根据当地鸡疫病流行情况适当调整免疫程序。

9.2.3　疫苗的使用种类、使用量和接种方法要以生产厂家产品说明为准。

9.3　用药

9.3.1　不使用国家禁用的兽药、激素等化学物质。

9.3.2　养殖过程中使用兽药，应严格执行休药期。

9.3.3　提倡使用天然植物、微生物制剂等。

10　废弃物处理

10.1　应配备配套的粪污收集、雨污分离、储存或处理利用设施设备，粪污运载工具应防泄露；粪便、污水按照 NY/T 1168 处理，排放物应符合 GB 18596 的要求。

10.2　病、死鸡处理应符合 GB 16548 要求。

11　档案记录

进养殖场的每一批鸡均应建立养殖档案，记录内容包括：进鸡时间、数量、品种、来源、栋舍、饲养员、体重、耗料、产蛋量、防疫、用药、消毒、鸡只变动、环境条件、出栏时间、体重等。所有记录应准确、完整。记录保存 2 年。

附录四　优质土杂鸡供种单位

序　号	品种名称	种业企业	联系方式
1	清远麻鸡	清远市凤中皇清远麻鸡发展有限公司	0763-3213508
2	白耳黄鸡	浙江光大种禽业有限公司	0571-87960433
3	琅琊鸡	山东纪华家禽育种股份有限公司	18863358999
4	东禽1号麻鸡配套系		
5	济宁百日鸡	山东百日鸡家禽育种有限公司	13508978573
6	汶上芦花鸡	山东金秋农牧科技股份有限公司	0537-7076688
7	莱芜黑鸡	莱芜三黑牧业有限公司	13508910826
8	良凤花鸡配套系	南宁市良凤农牧有限责任公司	13877151192
9	新广铁脚麻鸡配套系	佛山市高明区新广农牧有限公司	0757-88851628
10	天露黑鸡配套系	广东温氏食品集团股份有限公司	0766-2291689
11	温氏青脚麻鸡2号配套系		
12	雪山鸡配套系	常州市立华畜禽有限公司	0519-86355611
13	岭南黄鸡3号配套系	广东智威农业科技股份有限公司	020-38765378
14	豫粉1号蛋鸡配套系	河南三高农牧股份有限公司	0376-4997811
15	三高青脚黄鸡3号配套系		
16	苏禽绿壳蛋鸡配套系	扬州翔龙禽业发展有限公司	0514-86587077
17	新杨黑羽蛋鸡配套系	上海家禽育种有限公司	021-57526651

参考文献

［1］国家畜禽遗传资源委员会．中国畜禽遗传资源志·家禽志［M］．北京：中国农业出版社，2011.

［2］全国畜牧总站．畜禽新品种配套系 2009—2010［M］．北京：中国农业出版社，2012.

［3］全国畜牧总站．畜禽新品种配套系 2012—2013［M］．北京：中国农业出版社，2015.

［4］全国畜牧总站．畜禽新品种配套系 2014［M］．北京：中国农业出版社，2020.

［5］全国畜牧总站．畜禽新品种配套系 2015［M］．北京：中国农业出版社，2020.

［6］魏刚才．土鸡高效健康养殖技术［M］．北京：化学工业出版社，2011.

［7］张秀美．肉鸡标准化养殖教程［M］．济南：山东科学技术出版社，2016.

［8］刘展生，张淑二．地方鸡养殖技术手册［M］．济南：山东大学出版社，2018.

参考文献

[illegible]